国学经典有话对你说系列

围炉夜话

人生真理智慧书

姜越 编著

中国书籍出版社

图书在版编目(CIP)数据

围炉夜话：人生真理智慧书 / 姜越编著.
--北京：中国书籍出版社，2019.7
ISBN 978-7-5068-7387-1

Ⅰ.①围… Ⅱ.①姜… Ⅲ.①个人—修养—中国—清代 Ⅳ.①B825

中国版本图书馆CIP数据核字（2019）第156579号

围炉夜话：人生真理智慧书

姜越　编著

责任编辑	杨　昆
责任印制	孙马飞　马　芝
封面设计	侯　泰
出版发行	中国书籍出版社
地　　址	北京市丰台区三路居路97号（邮编：100073）
电　　话	（010）52257143（总编室）　　（010）52257140（发行部）
电子邮箱	eo@chinabp.com.cn
经　　销	全国新华书店
印　　刷	北京市通州大中印刷厂
开　　本	710毫米×1000毫米　1/16
印　　张	19
字　　数	335千字
版　　次	2019年7月第1版　2019年7月第1次印刷
书　　号	ISBN 978-7-5068-7387-1
定　　价	49.80元

版权所有　翻印必究

前　言

《围炉夜话》是中国古代众多劝世之书中的一种，是以短小精辟、富有哲理见长的格言体之作。它文辞浅近明晰，言简意赅，情真意切，如同一位德高望重的长者和一群后辈围着火炉娓娓而谈，品味人生，意境深远，富有哲理，颇有启发性。书中的许多话语虽以劝诫为主，但读来却无艰涩枯燥之感，反而觉得生动平实，将本来比较高深的哲理融入日常生活中，使人容易为其所感染而产生共鸣。全书分为二百二十一则，以随笔的形式阐发了安身立命的主旨，涉及人生的诸多方面，如修身养性、为人处世、持身立业、读书立志、安贫乐道、济世助人、持家教子、忠孝节义、为官执政等等。

由于作者生活的时代正处于风雨飘摇的清王朝末期，西方列强用铁炮打开了中国古老的大门。随着西方文化的涌入，中国的传统文化受到了强烈的冲击，在此情形下，中国的士大夫们积极寻求富国强兵之路，王永彬就是其中的一个，他振臂高呼：安得有敦古朴之君子，力挽江河；安得有讲名节之大人，光争日月。这一呼声震撼了千千万万的中国人。

当然，《围炉夜话》作为中国古人立身处世必备书之一，不仅饱含着强烈的忧国忧民意识，还揭示了许多精辟的做人做事的道理。"一'信'字是立身之本，所以人不可无也；一'恕'字是接物之要，所以终身可行也。"诚挚守信是做人立世的根本，是我们一直倡导的品德。古人很早就有"人而无信，不知其可"的训诫，在本书中，王永彬更是谆谆教导子弟立身处世，"诚信"二字万不可丢。宽恕别人，也是为人处世之要，是值得人终生奉行的高尚品德，对别人多一点宽容，多一点理解，少一点苛求、责备，用自己的宽恕之心去对待别人，生活就会更加和谐。"意趣清高，利禄不能动也；志量远大，富贵不能淫也。"重气节、轻生死是中华民族的传统美德，苏武牧羊忍辱守节的故事家喻户晓。"富贵不能淫，贫贱不能移，威武不能屈"的名言更是千古传诵。此书不以逻辑严密的专论见长，而以短小精辟、富于哲理的格言取胜。它融鞭挞、教育、指导、讽刺、劝善于一炉，将深刻的人生哲理寓于简短精粹的格言中，虽三言两语，却可谓是"立片言而居要"，使人警醒。

作者身上具有浓厚的儒家思想，他在本书中以大量的语言文字阐释了"立德、立功、立言"的要旨，揭示了人生价值的深刻内涵。虽然书中的一些观点可能有其时代的局限性，不一定能适合当代社会的要求，但瑕不掩瑜，本书仍对现代人生有着重要的指导和借鉴意义。从这个意义上来说，《围炉夜话》不失为一部非常优秀的劝世之作。

本书分为智慧直播和深度报道两篇，从勤俭有道、慎言行善、富贵廉洁、淡泊明达、公正处世、抑恶扬善、修身养性等方面下笔，对《围炉夜话》原著中的200多余富含人生哲理和行为标准的言辞进行精编精译，用精妙的语言道出了深刻的哲理，让人读来回味无穷，获益匪浅。

目　　录

上篇　《围炉夜话》智慧直播

第一章　勤俭有道，明辨奸邪

　　古人云："俭，德之共也；侈，恶之大也""历览前贤国与家，成由勤俭破由奢"。勤俭节约是中国人的一种传统美德，是中华民族的优良传统。小到一个人、一个家庭，大到一个国家、整个人类，要想生存，要想发展，都离不开"勤俭节约"这四个字。

教子弟于幼时，检身心于平日 …………………………………… 4
交游要学友之长，读书必在知而行 …………………………… 5
勤以补拙，俭以济贫 …………………………………………… 6
话说平常又稳当，为人本分常快活 …………………………… 7
处事、读书之道 ………………………………………………… 8
信是立身之本，恕乃接物之要 ………………………………… 9
不因说话而杀身，勿为积财而丧命 …………………………… 10
严可平躁，敬以化邪 …………………………………………… 11
何为善谋生者和善处事者 ……………………………………… 12
名利之不宜得者竟得之，福终为祸 …………………………… 13
风俗日趋于奢淫，靡所底止 …………………………………… 14
人心统耳目官骸，而于百体为君 ……………………………… 15
伍子胥报父兄之仇而郢都灭 …………………………………… 16
有才必韬藏，如浑金璞玉 ……………………………………… 18
积善之家必有余庆，积不善之家必有余殃 …………………… 19

每见待子弟严厉者易至成德，姑息者多有败行 …… 20
读书无论资性高低，但能勤学好问 …… 21
孔子何以恶乡愿，只为他似忠似廉 …… 22
打算精明，自谓得计 …… 23
心能辨是非，处事方能决断 …… 24
明辨愚和假，识破奸恶人 …… 25
权势之徒如烟如云，奸邪之辈谨神谨鬼 …… 26
不为富贵而动，时以忠孝为行 …… 27
己所不欲勿施于人 …… 28
不论祸福而处事，平正精详为立言 …… 29
不求空读而要务实 …… 30
遇事勿躁，淡然处之 …… 31
救人于危难，脱身于牢笼 …… 32
待人要平和，讲话勿刻薄 …… 33
志不可不高，志不高则同流合污 …… 34
贫贱非辱，贫贱而谄求于人者为辱 …… 35
古人比父子为乔梓，比兄弟为花萼，比朋友为芝兰 …… 36
父兄有善行，子弟学之或不肖 …… 37
守身不敢妄为，恐贻羞于父母 …… 39
无论做何等人，总不可有势利气 …… 40
知道自家是何等身份，则不敢虚骄矣 …… 41
常人突遭祸患，可决其再兴 …… 42
天地无穷期，生命则有穷期 …… 43
处事有何定凭，但求此心过得去 …… 44
气性不和平，则文章事功俱无足取 …… 45
谨守拙，慎交友 …… 46
放眼读书，站稳做人 …… 47

第二章　慎言行善，安分守成

　　肤浅浮躁的人，会常常听到是非；谨言慎行的人，很难招惹是非。你需要感谢给你逆境的众生，你要学会宽恕众生，不论他有多坏，甚至伤害过你，你也一定要放下，才能得到真正的快乐。

持身贵严，处世贵谦	50
财要善用，禄要无愧	51
交朋友求益身心，教子弟重立品行	52
君子重忠信，小人徒心机	53
对己要严，对人要宽	54
慎言，洁身	55
处横逆而不校，守贫穷而坐弦	56
白云山岳皆文章，黄花松柏乃吾师	57
行善人乐我亦乐，奸谋使坏徒自坏	58
以人为镜吉凶可鉴	59
知足者，得其乐	60
为人耐烦，学会吃亏	61
读书自有乐，为善不邀名	62
学问与道德更上一层楼	63
敬人者人恒敬之，靠他人莫若靠己	64
学长者待人之道，识君子修己之功	65
奢侈悭吝俱可败家，庸愚精明都能覆事	66
安分守成，不入下流	68
物质享受要知足，德业追求无止境	69

第三章　富贵廉洁，有德若虚

清正廉洁盛行之日，则国家昌盛；贪污腐败猖獗之时，则国势衰微。历来清官受人颂扬，污吏遭人唾骂。我们要大力弘扬中华民族固有的清正廉洁的传统美德，提倡廉洁自律、秉公办事、不徇私情、不谋私利、清白做人的精神。

富贵不能淫，贫贱不能移，威武不能屈	72
富贵必要谦恭，衣禄务需俭致	73
善有善报，恶有恶报	74
心平气和处世，勿设计机巧害人	75
要救世，勿避世	76
勤俭安家久，孝悌家和谐	77
忠厚足以兴业，勤俭足以兴家	78

知莲朝开而暮合，悟草春荣而冬枯 …………………………… 79
自伐自矜必自伤，求仁求义求自身 …………………………… 80
贫寒也须苦读书，富贵不可忘稼穑 …………………………… 81
勤俭孕育廉洁，艰辛炼铸伟人 ………………………………… 82
存心方便无财也能济世，虑事精详愚者也成能人 …………… 83
闲居常怀振卓心，交友多说切直话 …………………………… 84
有才若无有德若虚，富贵生骄奢淫败俗 ……………………… 85
凝浩然正气，法古今完人 ……………………………………… 86
一生温饱而气昏志惰，几分饥寒则神紧骨坚 ………………… 87
愁烦中具潇洒襟怀，暗昧处见光明世界 ……………………… 88
装腔作势百为皆假，不切实际一事无成 ……………………… 89
心胸坦荡，涵养正气 …………………………………………… 90
求其理数亦难违，守其常变亦能御 …………………………… 92

第四章 通达事理，谨严淡泊

"甘于淡泊，乐于寂寞"，淡泊是恬淡寡欲，理性的成熟，寂寞是另一种精神领悟和另一种人生境界。"淡泊以明志，宁静以致远"，在纷纷扰扰的生活中，我们又有几人能做到宠辱不惊呢？看庭前花开花落，望天上云卷云舒，弃一切世俗之物，悠然于天地山川草木之中，这是大家心神向往已久的宁静生活。

和气致祥骄者必衰，从善者彰为恶者弃 ……………………… 94
人生不可安闲，日用必须简省 ………………………………… 95
秤心斗胆成大功，铁面铜头真气节 …………………………… 96
责人先责己，信己亦信人 ……………………………………… 97
无执滞心始通达事理 …………………………………………… 98
心为主宰，死留美名 …………………………………………… 99
有生资更需努力，慎大德也矜细行 …………………………… 100
忠厚传世人，恬淡趣味长 ……………………………………… 101
交友要交正直者，求教要向德高人 …………………………… 102
解邻纷争即化人之事 …………………………………………… 103
发达福寿空命定，努力行善最要紧 …………………………… 104
百善孝为先，万恶淫为源 ……………………………………… 105

享受减几分方好，处世忍一下为高 …………………………… 106
持守本分安贫乐道，凡事忍让长久不衰 ………………………… 107
境遇无常须自立，光阴易逝早成器 ……………………………… 108
河川学海而至海，苗莠相似要分清 ……………………………… 109
守身必谨严，养心须淡泊 ………………………………………… 110
有德不在有位，能行不在能言 …………………………………… 111
称誉易而无怨言难，留田产不若教习业 ………………………… 112
先贤格言立身准则，他人行事又作规箴 ………………………… 113

第五章　心静正直，公正处世

为人处世首先要使自己拥有良好的心态，那就是踏踏实实做人，做实事、做好事，就是树立信念、敢想敢拼、公正处世，并持之以恒。唯有如此，则事必成！为人和处世是相互联系的，只有两者相互配合才能在人生道路上一步一步走下去。

身为重臣而精勤，面临大敌犹弈棋 ……………………………… 116
以美德感化人，让社会更祥和 …………………………………… 117
幸福可在书中寻求，创家立于教子成材 ………………………… 118
教子勿溺爱，子堕莫弃绝 ………………………………………… 119
若成事业，不可无识 ……………………………………………… 120
有时勿忘无时，踏实胜于侥幸 …………………………………… 121
心静则明，品超斯远 ……………………………………………… 122
读书人贫乃顺境，种田人俭即丰年 ……………………………… 123
讲求正直，莫入浮华 ……………………………………………… 124
异端为背乎经常，邪说乃涉于虚诞 ……………………………… 125
亡羊尚可补牢，羡鱼何如结网 …………………………………… 126
道本足于身，境难足于心 ………………………………………… 127
读书要下苦功，为人要有好处 …………………………………… 128
有错即改为君子，有非无忌乃小人 ……………………………… 129
交友淡如水，寿在静中存 ………………………………………… 130
遇事必熟思审处，家事瑕隙须忍让 ……………………………… 131
聪明勿外散，脑体要兼营 ………………………………………… 132
腹饱身暖人民所赐，学无长进有负人民 ………………………… 133

勿与人争，唯求己知 ………………………………………… 134
依规做事要知规之所由，做事遵章莫要依样画葫 …………… 135

第六章　功到垂成，抑恶扬善

如果我们都选择了善，我们将生活在越来越和谐的环境里。即使有些人选择了恶，我们也还是应该选择当善良的人，以抑恶扬善为己任，尽可能帮助别人弃恶从善。

山水是文章化境，烟云乃富贵幻形 ……………………………… 138
察伦常留心细微，化乡风道义为本 ……………………………… 139
骗人如骗己，人苦我也苦 ………………………………………… 140
弱者非弱，智者非智 ……………………………………………… 141
功德文章传后世，史官记载忠与奸 ……………………………… 142
目闭可养心，口合以防祸 ………………………………………… 143
富贵人家多败子，贫穷子弟多成材 ……………………………… 144
苟且不能振，庸俗不可医 ………………………………………… 145
志不立则功不成，错不纠终遗大祸 ……………………………… 146
退让一步难处易处，功到将成切莫放松 ………………………… 147
无学为贫无耻为贱，无述为夭无德为孤 ………………………… 148
知过能改圣人之徒，抑恶扬善君子之德 ………………………… 149
诗书传家久，孝悌立根基 ………………………………………… 150
德泽太薄好事未必是好，天道最公苦心不负苦心 ……………… 151
自大不能长进，自卑不能振兴 …………………………………… 152
有为之士不轻为，好事之人非晓事 ……………………………… 153
为善受累勿因噎废食，讳言有过乃讳疾忌医 …………………… 154
宾入幕中皆同志，客登座上无佞人 ……………………………… 155
种田要尽力，读书要专心 ………………………………………… 156
要造就人才，勿暴殄天物 ………………………………………… 157

第七章　齐家修身，涵养性情

　　道家、儒家、墨家都讲修身，但内容不尽相同。儒家自孔子开始，就十分重视修身，并把它作为教育"八目"之一。儒家的修身，主要是忠恕之道和三纲五常，他们认为修身是本，齐家、治国、平天下是末；道家的修身要求做到顺应自然；墨子则要求做到"志功合"，兴利除害、平天下。

和气以迎人平情以应物，师古相期许守志待时机 …………………… 160
今日且坐矮板凳，明天定是好光阴 …………………… 161
苟无良心则去禽兽不远 …………………… 162
先天下之忧而忧，后天下之乐而乐 …………………… 163
人欲死天亦难救，人求福唯有自己 …………………… 164
薄族者必无好儿孙，恃力者忽逢真敌手 …………………… 165
为学不外静敬，教人先去骄惰 …………………… 166
知己乃知音，读书为有用 …………………… 167
以直道教人，以诚心待人 …………………… 168
粗粝能甘，纷华不染 …………………… 169
性情执拗不可与谋，机趣流通始可言文 …………………… 170
凡事不必件件能，唯与古人心心印 …………………… 171
人生无愧怍，霞光满桑榆 …………………… 172
创业维艰，毋负先人 …………………… 173
生时有济于乡里，死后有可传之事 …………………… 174
齐家先修身，读书在明理 …………………… 175
积善者有余庆，多藏者必厚亡 …………………… 176
求备之心，可用之以修身 …………………… 177
有守与有猷有为并重，立言与立功立德并传 …………………… 178
求教殷殷向善必笃 …………………… 179
有真涵养才有真性情 …………………… 180
为善要讲让，立身务得敬 …………………… 181
是非要自知，正人先正己 …………………… 182
仁厚为儒家治术之本，虚浮为今人处世之祸 …………………… 183
祸起于须臾毁之不忍 …………………… 184
我为人人，人人为我 …………………… 185

第八章　万物有道，意趣高远

道义是一种社会意识形态和做人规范，是用来维系和调整人与人关系的准则。道义要求遵守诺言、履行盟约，注重个人的道德修养，在逆境中不断砥砺自己的情操。道义是对敬畏和忠诚的最好诠释。

莫等闲，白了少年头	188
五伦为教然后有大经，四子成书然后有正学	189
意趣清高，利禄不能动也	190
最不幸者，为势家女作翁姑	191
钱能福人，亦能祸人	192
凡事勿徒委于人，必身体力行，方能有济	193
耕读固是良谋，必工课无荒，乃能成其业	194
儒者多文为富，其文非时文也	195
博学笃志，切问近思	196
何者为益友，凡事肯规我之过者是也	197
待人宜宽，唯待子孙不可宽	198
事但观其已然，便可知其未然	199
观规模之大小，可以知事业之高卑	200
义之中有利，而君子尚义	201
小心谨慎者必善其后，惕则无咎也	202
耕所以养生，读所以明道	203
人皆欲贵也	204
文、行、忠、信	205
隐微之衍，即干宪典	206
士既知学，还恐学而无恒	207
用功于内者，必于外无所求	208
盛衰之机，虽关气运	209
鲁如曾子，于道独得其传	210
敦厚之人，始可托大事	211
祸已闯下，不能救止	212
处世以忠厚人为法	213
紫阳要人穷尽事物之理，阳明教人反观自己本心	214
善良醇谨人人喜	215

处事宜宽平而不可松散，持身贵严厉而不可过激 …… 216
天地且厚人，人不当自薄 …… 217
知万物有道，悟求己之理 …… 218
富厚者遗德莫遗田，贫穷者勤奋必能充 …… 219
揆诸理而信言，问诸心始行事 …… 220
兄弟相师友，闺门若朝廷 …… 221
友以成德，学以愈愚 …… 222
白得人财，赔偿还要加倍 …… 223
浪子回头金不换，贵人失足损于德 …… 224
饮食有节，男女有别 …… 225
人生耐贫贱易，耐富贵难 …… 226
澹如秋水贫中味，和若春风静后功 …… 227
兵应者胜而贪者败 …… 228
险奇一时，常者永世 …… 229
忧先于事故能无忧，事至而忧无救于事 …… 230
人贵自立 …… 231
程子教人以静，朱子教人以敬 …… 232
卜筮以龟筮为重 …… 233
每见勤苦之人绝无痨疾 …… 234
欲利己，便是害己 …… 235
古之克孝者多矣，独称虞舜为大孝 …… 236
不能缩头休缩头，得放手时须放手 …… 237
居易俟命见危授命，木讷近仁巧令鲜仁 …… 238
见小利，不能立大功 …… 239
正己为率人之本 …… 240
人生不过百，懿行千古流 …… 241

下篇 《围炉夜话》深度报道

第一章 智慧依的是强大心灵

人生只有拥有大智慧，才能看清世间的大是大非。有真智慧的人，深知人性，了解人生，所以方能宁静淡泊以处世，忠厚仁义以待人；有真智慧的人，方能使人生真平等，真自由，真幸福，真圆满。

出使狗国，才进狗门 ·············· 246
不道是非，不扬人恶 ·············· 246
匡人解甲 ························ 247
管鲍之交 ························ 248
宋桓公罪己 ······················ 249
上行下效 ························ 249
绝缨 ···························· 250
赵襄王学驾车技巧 ················ 251
赵孝争死 ························ 252
朱冲送牛 ························ 253
南亭北亭 ························ 253

第二章 谦让的处世智慧

谦让，是人生前行的一张通行证；谦让，是幸福微笑的一包催化剂；谦让，是和谐相处的必要条件。如此，不怕半路被拦截，不怕伤心流泪，更不怕会有争吵。谦让不仅是一个人的一种美德、一种胸怀、一种豁达、一种无私，更是一种境界。

宥坐之器 ························ 256
将相和 ·························· 256
孺子可教 ························ 257
狄仁杰的为人之道 ················ 258
阎立本观画 ······················ 259
学无止境 ························ 260

程门立雪 260

第三章　爱的教育

　　所谓"百行孝为先"，这反映从古至今中华儿女极为重视孝的观念。孝顺原指爱敬天下之人，顺天下人之心的美好德行，后多指尽心奉养父母，顺从父母的意志。试想一下，一个连生他养他的父母都不爱的人，怎么能指望他去爱别人呢？可见，人世间一切的爱都需要从爱父母开始。

舜的故事 264
元觉劝父 264
黄香温席 265
李绩焚须 265
庭坚涤秽 266

第四章　待人接物是一生的功课

　　欣赏别人是一种境界，善待别人是一种胸怀，关心别人是一种品质，理解别人是一种涵养，帮助别人是一种快乐，学习别人是一种智慧，看望朋友是一种习惯。待人接物要摆正自己的位置和心态。

执法以公，居心以仁 268
失人之察 269
三人行必有我师 269
老汉粘蝉 270
忘我之境 271
纪昌学射 271
立木为信与烽火戏诸侯 272
郭伋亭候 273
一诺千金 274
苏武牧羊 274
神来之笔 275
拒绝奉承 276
公艺百忍 277

以人为镜 ……………………………………… 278
生花妙笔 ……………………………………… 278
黄州菊 ………………………………………… 279
司马光警枕励志 ……………………………… 280
世恩夜待 ……………………………………… 281
师道尊严 ……………………………………… 282
哭婆与笑婆 …………………………………… 283

参考文献 …………………………………… 284

后　　记 …………………………………… 285

上篇 《围炉夜话》智慧直播

第一章
勤俭有道，明辨奸邪

古人云："俭，德之共也；侈，恶之大也""历览前贤国与家，成由勤俭破由奢"。勤俭节约是中国人的一种传统美德，是中华民族的优良传统。小到一个人、一个家庭，大到一个国家、整个人类，要想生存，要想发展，都离不开"勤俭节约"这四个字。

教子弟于幼时，检身心于平日

◎ 我是主持人

一个人的成功或失败，往往取决于他的人格。而人格的形成，又往往取决于童年的教养。因此，教养孩子必须自幼时便培养他良好的习惯、光明磊落的人格以及正直宽大的胸怀；那么他长大以后，无论在何种境况，也总能保持一种雍容大度的气质。

◎ 原文

教子弟于幼时，便当有正大光明气象；检身心于平日，不可无忧勤惕厉工夫。

◎ 注释

气象：气概，人的言行态度。检：检讨，反省。身心：身指所言所行，心指所思所想。忧勤惕厉：担忧不够勤奋，戒惧无所砥砺。

◎ 译文

教导晚辈要从幼年时开始，培养他们凡事应有正直、宽大、无所隐藏的气概；在日常生活中要时时反省自己的行为思想，不能没有自我督促和自我砥砺的修养。

◎ 直播课堂

在平日的生活中，我们要养成随时自我反省的习惯，是否"为人谋而不忠乎？与朋友交而不信乎？传不习乎？"可以由身心两方面来反省所作所为，是否有怠惰而不够勤奋的地方呢？如果有这种现象，而还不觉得忧心，若不是对不起别人，就是对不起自己的生命了；在思想上，是否缺乏自我砥砺的警惕呢？如果有这种情形，那么便失去了向上的生命力，没有进步便是退步。怎可不随时自我警惕呢？

本篇前段说幼童的教养，后段说成人的修养，皆由内在要求起，十分重要。

交游要学友之长，读书必在知而行

◎ 我是主持人

我们读书，对于圣贤的言语，如果只是口译背诵，而不在日常生活中加以实践的话，并不能真正得到读书的好处。只有将书上的良言，付诸日常的应对进退、待人处世中，才是真正的读书。所以，"尽信书不如无书"，不能活用书中的知识，使之成为日常生活的智慧，就会变得不知变通、迂腐守旧。

◎ 原文

与朋友交游，须将他们好处留心学来，方能受益；对圣贤言语，必要我平时照样行去，才算读书。

◎ 注释

交游：和朋友往来交际。好处：优点、长处。

◎ 译文

和朋友交往共游，必须仔细观察他的优点和长处，用心地学习，才能领受到朋友的益处。对于古圣先贤所留下的话，一定要在平常生活中依循做到，才算是真正体味到书中的言语。

◎ 直播课堂

朋友往往是很好的老师。为什么呢？因为每一个人都有他的长处和短处，长处是我所当学，短处是我的借鉴。交朋友并不是一件容易的事，如果漫不经心地交朋友，或是只交一些酒肉朋友，很可能只学到朋友的短处，而学不到长处。如此一来，自己不但毫无长进，反而日渐退步，交朋友便成为有害的事了。因此与朋友交往，不应只想在一起游玩，还应在言行举止中观察朋友的长处，诚心诚意地学习。自己更要分辨什么是好的，什么是不好的；好的才该学，不好的不该学。那么无论什么朋友，对自己都是益友了。

勤以补拙，俭以济贫

◎ 我是主持人

人难免有潦倒的时候，这倒不一定关乎才能。有时时局动荡，有时怀才不遇，有时经商失败，都可能让人变得十分贫穷。贫穷的日子长短不定，如果不节俭，很可能连短时间的贫穷也挨不下。所以，人处贫困中更要节俭，再慢慢谋求宽裕之道；只要认真做事，总能勉强过活，而不致在贫穷的逼迫下失了正道。

◎ 原文

贫无可奈唯求俭，拙亦何妨只要勤。

◎ 注释

唯：只有。妨：障碍，有害。

◎ 译文

贫穷得毫无办法的时候，只要力求节俭，总还是可以过的。天性愚笨没有什么关系，只要自己比别人更勤奋学习，还是可以跟得上别人的。

◎ 直播课堂

人一生下来，有的人天资聪颖，举一反三；有的人却天资愚鲁，不能一下子把很多事情学好。天资愚鲁并不是绝对的，因为人的聪明有先天的能力，也有后天的经验。有的人先天的条件很好，却不知后天的努力，再好的天赋一旦荒废，和愚鲁的人也无差别。有的人天资虽不好，但努力勤学，不断积累自己的经验，聪明的人做一遍，他做十遍，以后的成就却比聪明而不学的人大得多。这就说明了努力和勤奋的重要性。

话说平常又稳当，为人本分常快活

◎ 我是主持人

人生在世都希望过得快活。很多人总以为要有高楼大厦、轿车美人，才算快活，因此，违法乱纪，使得原本快活的生活，变得不快活。即使没有做出违法的事，但是心中的妄求无数，也把原本可以快活的心境弄得疲惫不堪。如果能安守自己的本分，一步一步提升生活的品质和生命的境界，那才是既稳妥又快活的。因为没有妄想来扰乱生活，便不会做出任何逾越法纪的事，让本人甚至亲人受苦。可惜很多人并不会这样想。

◎ 原文

稳当话，却是平常话，所以听稳当话者不多；本分人，即是快活人，无奈做本分人者甚少。

◎ 注释

稳当：安稳而妥当。本分：安分守己。

◎ 译文

既安稳又妥当的言语，经常是既不吸引人也不令人惊奇的，所以喜欢听这种话的人并不多。一个人能安守本分，不希求越轨的事，便是最愉快的人了。只可惜能够安分守己不妄求的人，也是很少的。

◎ 直播课堂

讲话并不是表演，因为讲话最重要的是平实与可靠，但是平实与可靠的话就像土地一般，不会引人注目，不过人们无论走到哪里都要踩着土地，否则就会跌倒。吸引人的话，往往新奇、夸张，所以让人惊奇、赞

叹，但是未必可靠。就像空中楼阁，看来迷人却无法上去；或像沙堡，看来实在，一脚踩下却陷入坑中。可是一般人都喜欢听虚妄的话，而不喜欢听平实的话，因为平实的话往往缺乏新鲜刺激的感觉。

处事、读书之道

◎ **我是主持人**

读书是自己的事，读得好，学问是自己的；读得不好，别人也无法帮你读。但是，学问为济世之本，学问不扎实，任凭理想多高，也无法实现，即使有再好的机会，也没有能力把握住。父母、亲戚、朋友，虽然能在各方面扶助自己，但是唯有读书，他们是帮不上忙的。因此，一定要切实地要求自己读好书，才能谈自我实现与服务社会。

◎ **原文**

处事要代人作想，读书须切己用功。

◎ **注释**

代人作想：替他人设身处地着想；想想别人的处境。切己：自己切实地。

◎ **译文**

处理事情的时候，要多替别人着想，看看是否会因自己的方便而使人不方便。读书却必须自己切实地用功。因为学问是自己的，别人并不能代你掌握。

◎ **直播课堂**

每个人都容易成为一个利己的人，而不容易成为利他的人。但是处世久了，便了解到，并不是每一件事都需要斤斤计较。有时处处为己，不见得能快乐，也不见得能占到多少便宜，反而招人怨恨。因为人在为己时，往往侵犯甚至破坏了他人的利益，别人遭受了损害，即使不报复也会心存怨恨。何况天下的事难以预料，今日你不给别人方便，他日别人逮到机会，也不予你方便。所以，做人要宽厚，多为他人着想，能帮助他人的时候，不要吝于伸出援手，至少也要无愧于心。

信是立身之本，恕乃接物之要

◎ 我是主持人

"恕"是推己及人的意思。人在社会上做事，不能只为自己的立场着想，而是要把自己和别人的境况互调想过，才能客观地处理事情，既不会伤害别人，也不会判断不公。许多事都是要许多人合作才能成功，而"恕"便是许多人在一起不会产生纠纷和摩擦的润滑剂，所以说它是与人交际最重要的修养，值得终生奉行。

◎ 原文

一信字是立身之本，所以人不可无也；一恕字是接物之要，所以终身可行也。

◎ 注释

信：信用、信誉。立身：树立自身。恕：推己及人之心。接物：与别人交际。

◎ 译文

一个"信"字是吾人立身处世的根本，一个人如果失去了信用，任何人都不会接受他，所以，只要是人，都能可没有信用。一个"恕"字是与他人交往时最重要的品德，因为恕即是推己及人的意思，人能推己及人，便不会做出对不起他人的事，于己于人皆有益，所以值得终生奉行。

◎ **直播课堂**

《说文解字》上对"信"的解释是:"人言也,人言则无不信者,故从人言。"由此可知,"信"就是人所讲的话,不是人讲的话才会无"信"。一个人如果无"信",别人也就不把你当人看待,那么你又有什么颜面和别人交往呢?我们都说,没有信用的人就是没有人格的人,没有人敢和他交往,因为怕自己的付出会换来谎话。没有信用的公司,更是没有人敢和它做生意,免得受骗。一个人要在社会上立足,"信"是至关重要的,所以说它是立身处世的根本。

不因说话而杀身,勿为积财而丧命

◎ **我是主持人**

天下人都以为钱愈多愈好,殊不知"人为财死,鸟为食亡",因争钱夺利而失去性命的事随处可闻。钱多的人,固然享乐,却要时时提防别人来偷,天天疑神疑鬼,睡不安枕,付出的代价相当大。所以,财多不见得好,财少或许人生反而能过得愉快些。

◎ **原文**

人皆欲会说话,苏秦乃因会说而杀身;人皆欲多积财,石崇乃因多积财而丧命。

◎ **注释**

苏秦:战国时纵横家,口才极佳,游说六国合纵以抗秦,使秦国不敢窥函谷关十五年,后至齐,被齐大夫所杀。石崇:晋代人,富可敌国,因生活豪奢遭忌而被杀。

◎ **译文**

人都希望自己有极佳的口才,但是战国的苏秦就是因为口才太好,才会被齐大夫派人暗杀。人人都希望自己能积存很多财富,然而晋代的石崇就是因为财富太多，遭人嫉妒，才惹来杀身之祸。

◎ 直播课堂

　　大多数人都希望自己能言善辩，遇事能滔滔不绝、口若悬河。殊不知，凡事皆有两面，水能载舟亦能覆舟，所谓"匹夫无罪，怀璧其罪"，口舌之利，利于刀枪，讨好这一边的人，不见得能讨好那一边的人。这边的人捧场，那边的人却可能要拆台。山上被砍伐的树，多半是有用的树木；而得以幸免的，反而是那些无用的树木。古人云："沉默是金。"会说固然好，不会说也不错，至少不会得罪人。有时言语很难讲得周全，有些话多说无用，有些话不如不讲。所谓"时然后言"，才是言语的妙用。

严可平躁，敬以化邪

◎ 我是主持人

　　小孩子的心性总是顽皮的，若不以严肃的态度教导他，他会以为你和他玩，不会认真去学习，也不会将所学记在心里。所以，教导孩子态度要严肃，让他感受到认真的态度，才会好好读书。

◎ 原文

　　教小儿宜严，严气足以平躁气；待小人宜敬，敬心可以化邪心。

◎ 注释

　　严气：严肃、严格的态度。躁气：轻率、性急的脾气。敬心：尊重而谨慎的心。邪心：不正当的心思。

◎ 译文

　　最好以严格的态度教导小孩子，因为小孩顽皮毛躁，不能定下心来，严格的态度可以压抑他们浮动的心，使他们安静地学习。对心思不正的小人，最好以尊重而谨慎的心待他，因为小人心思邪僻，如果尊重他的人

格，也许他会想保有我们对他的尊重，而放弃邪僻的想法。如果不行，以谨慎的态度和他相处，至少不会蒙受其害，所以说尊重而谨慎的心可以化解邪僻的心。

◎ 直播课堂

对待小人千万不可用鄙视的态度，因为小人的心思已经邪僻，再受人轻视，他就更有理由去做邪行的事了。倒不如尊重他的人格，也许他会为了想保有别人对他的尊重，不再做出受人轻视的事。一个人会做出受人轻视的事，必然是他先看轻了自己。如果我们对他重视，而唤起他的自尊心，那么也许他就不会再做出让自己和别人轻视的事情了。

何为善谋生者和善处事者

◎ 我是主持人

所谓"善谋生者"，不一定是善于积聚财富的人，因为要维持一家的生计，最重要的是要有恒业。任何事情不分大小，只要有恒心，总能由小到大，逐步做好。反观一些投机者，今日做这，明日做那，最终一事无成。

◎ 原文

善谋生者，但令长幼内外，勤修恒业，而不必富其家；善处事者，但就是非可否，审定章程，而不必利于己。

◎ 注释

谋生：以工作来维持生活。恒业：经常而持久的事业。章程：办理事务的规则和程序。

◎ 译文

长于维持生计的人，并不是有什么新奇的花招，只是不论家中年纪大小，事情无分内外，每个人都能就其本分，有恒地将分内的事完成，这样做虽不一定能使家道大富，却能在稳定中成长。长于办理事务的人，不一定有奇特的才能，只是在事情可行与不可行方面加以判断，订立一个办理的规则和程序，而非一定要对自己有利益才去做。

◎ **直播课堂**

今朝穷奢极侈，明朝露宿街头，就不能称为"善谋生者"了。此外，一家之中无论长幼，都要勤劳工作，不可有怠惰吃食之人；否则，为之者寡，食之者众，纵有家产也难维持长久，这也不是"善谋生者"。

通常，一件事务要处理得当，一定要对事务的本身加以分析，从事物的开始、中间到结束，都要有一个可循的脉络，订下进度章程和必须依循的规则，如此才能将事情处理得完善。尤其不可抱着自私自利的态度，否则便会失之主观，因人害事。这样不但事情无法做好，自己也可能毫无好处，这就不是"善处事者"。善处事者，必能公正无私，因此处处都能为事情的本身着想，自然能圆满地处事了。

名利之不宜得者竟得之，福终为祸

◎ **我是主持人**

每个人天生的资质不同，机智巧妙的人不见得天资就高。因为机智巧妙的人如果心怀不轨，反倒成为社会的祸害，那又有什么好处呢？不如愚鲁些却能忠厚待人的人，这样的人多少能为社会增加些好处，由这点来看，这样的人的资质反而较前者高。同样，读书读得好的人并不见得就是那些文章写得好的人，因为读书还要学做人的道理。有些人文章虽美，品德却很差，又怎么能算是个读书人呢？不如那些书读得不多，却通晓人情事理的人。当然，若能两者兼得，那就最好不过了。

◎ **原文**

名利之不宜得者竟得之，福终为祸；困穷之最难耐者能耐之，苦定回

甘。生资之高在忠信，非关机巧；学业之美在德行，不仅文章。

◎ 注释
竟：最终。生资：与生俱来的资质。机巧：机智灵巧。

◎ 译文
不应该得到的名利最终却得到了，看起来是福，但最终会成为祸害；最难以忍耐的穷困都能够忍耐了，一定会苦尽甘来。一个人的天资高低表现在忠和信两个方面，和机智灵巧没有关系；一个人学习的好坏表现在他是否具有好的德行，而不应仅仅看他是否会写文章。

◎ 直播课堂
一个人能成名，必定有其过人之处；一个人能获利，必然是他曾付出血汗与努力，否则他凭什么得到利益？所谓"名之不宜得者"，就是自己没有具备相当的长处和优点，不足以得此名声；而"利之不宜得者"，即是自己并未付出相当的努力，不足以得此利益。然而，安然受之，或以不正当手段得到，那么这些名与利表面看来是福气，终究会成为祸事。为什么呢？因为古人说名实须相符，本身没有担当此名的资质，日久天长终会被人识破。原以为天才，竟是蠢材；原以为善士，竟为骗子。到时美名变成臭名，岂不是"福终为祸"？利益不该得，却去争取得来，付出更多心血的人必然不容，或者私下报复，或者公开诉讼。即便不如此，"取他一分，还他一两。"因果关系也不无道理。

风俗日趋于奢淫，靡所底止

◎ 我是主持人
古代人重视道德与气节，贤人的提倡、教化能使众人群起效尤。然而，现代社会工商进步，众人虽受教育，却未必能抗拒社会的潮流和诱惑，往往随俗浮沉而不自觉。在这个时代，我们更需要清醒的脑子、廉洁的心性与大无畏的勇气，才能起来大声疾呼，认真努力地改善社会风气，使之由浊转清。

◎ 原文

　　风俗日趋于奢淫，靡所底止，安得有敦古朴之君子，力挽江河？人心日丧其廉耻，渐至消亡，安得有讲名节之大人，光争日月？

◎ 注释

　　淫：奢侈荒淫。靡：没有。底止：尽头，止境。敦：敦促，勉励。

◎ 译文

　　世风民俗日趋奢侈荒淫，没有止境，到哪里去寻找敦促世人回复古朴之风的君子，来挽救这样一种江河日下的世风呢？人们的廉耻之心一天天在丧失，逐渐就会丧失殆尽，哪里会有注重名节的伟人靠他们的人格魅力唤起世人的廉耻之心，与日月争辉呢？

◎ 直播课堂

　　"廉"是不该取的不取，"耻"是做了不正当的事会感到惭愧，然而，社会上却有人为自己欺骗的行径而沾沾自喜。人心的堕落才是最可悲的，因为人失去了羞耻心，便与禽兽无异；全社会的人若失去了羞耻心，便成为禽兽。如果有人再提倡崇尚气节、重视名誉的社会道德，那他承前启后的功劳，足可与日月争辉了。

人心统耳目官骸，而于百体为君

◎ 我是主持人

　　人总是喜欢追求快乐，但是生活中不仅仅有快乐，很多时候还有痛苦。若以为人生原本当乐，那么自然感到生命中许多逆境实是苦不堪言；若能想人生本是苦多于乐，反而能在逆境中勇于承担，不以为苦，在顺境中不滞不迷，小得即乐。

◎ 原文

人心统耳目官骸，而于百体为君，必随处见神明之宰；人面合眉眼口鼻，以成一字曰苦（两眉为草，眼横鼻直，而下承口，乃苦字也），知终身无安逸之时。

◎ 注释

官骸：五官和躯体。宰：主宰。

◎ 译文

人的心灵统率五官和四肢，是人身各个器官的主宰，一定要随时随地在神明的主宰下思考问题；人的眉眼口鼻，可以合成一个苦字（两道眉为草字头，眼是一横，鼻是一竖，下面是个口，合起来就是一个苦字），因此可以知道，生而为人就要终身劳苦而永远没有安逸的时候。

◎ 直播课堂

古人讲"存天理，去人欲"，专在一个"心"字上下功夫。若以全身器官比喻为百官，"心"便是君王。君王昏昧，朝政必然混乱，天下就会大乱。君王若清明，朝政必然合度，天下就会太平。所以，要时时保持"心"的清楚明白，行为才不会出差错。

伍子胥报父兄之仇而郢都灭

◎ 我是主持人

伍子胥复仇，申包胥救楚，在一般人眼中看来都是极难的事，几乎不可能实现。他们当初只是一心去做，后来真的成功了。可见，人心的力量非常可观，能使近乎不可能的事也变成可能。所以，天下之事在乎人为，只看是否有心，而不在事情的难易。

◎ 原文

伍子胥报父兄之仇而郢都灭，申包胥救君上之难而楚国存，可知人心足恃也；秦始皇灭东周之岁而刘季生，梁武帝灭南齐之年而侯景降，可知天道好还也。

◎ 注释

伍子胥：名员，春秋时期人，楚大夫伍奢之子。伍奢被杀后，他逃到吴国，官至大夫，率师为父兄报仇，攻入楚国都城郢（今湖北江陵西北）。申包胥：春秋时期楚国贵族。伍子胥攻破郢都，他到秦国求救，在秦国宫廷痛哭七天七夜，终于使秦国发兵救楚。秦始皇：名嬴政，战国时秦国国君，中国第一个封建王朝秦朝的建立者。刘季：即汉高祖刘邦，字季，沛县（今属江苏）人，西汉王朝的建立者。梁武帝：即萧衍，字叔达，南兰陵（今江苏常州西北）人，南朝梁的建立者。侯景：字万景，朔州（今山西朔州市）人，东魏大将，后降梁，封河南王。后发动叛乱，困梁武帝于台城。梁武帝死后，侯景弄权，先后立萧纲、萧栋为帝。后战败，被部下杀死。还：循环，因果报应。

◎ 译文

伍子胥矢志替父亲和兄长报仇，终于攻破楚国的都城郢，鞭楚王之尸；申包胥不满伍子胥为报私仇而殃及无辜，发誓要解救君主之难，终于搬来秦国的救兵使楚国继续得以生存。由此可知，人的精神力量是完全可以依恃的。秦始皇灭亡东周那年，灭亡秦朝的刘邦也诞生了；梁武帝灭亡南朝齐那年，东魏大将侯景降生，后来侯景发动叛乱使梁武帝饿死于台城。由此可知，天道循环，终会有报应。

◎ 直播课堂

秦始皇灭东周国祚时，汉高祖刘邦同时出生；梁武帝灭南齐时，侯景降生。这都说明了天下事明来暗往，占他一分，终要还人一分。纵然能一时骄横天下，天道终会教你异日倾败。所以，得饶人处且饶人，今日你不饶人，他日别人也不会饶你啊！

有才必韬藏，如浑金璞玉

◎ 我是主持人

　　学问不是一朝一夕即可获得，要像流水不息，行云不止，活到老学到老，永不终止。如果像倾盆骤雨，或阳春之雪，三日而消，终不能成大器。俗语说："学如逆水行舟，不进则退。"想要学有专长，就更需要有恒心与毅力了。

◎ 原文

　　有才必韬藏，如浑金璞玉，暗然而日章也；为学无间断，如流水行云，日进而不已也。

◎ 注释

　　韬藏：韬光养晦，藏其锋芒。浑金璞玉：没有经过提炼的金和没有经过雕琢的玉。章：显露，显现。

◎ 译文

　　有才华的人一定要韬光养晦藏其锋芒，就像没有经过提炼的金和没有经过雕琢的玉那样，其光彩会一天天显露出来；读书学习要从不间断，像不息的流水和漂浮的云那样自然流畅绵绵不绝，一天天进步而没有停止的时候。

◎ 直播课堂

　　真正有才能的人，绝不会自我炫耀，也不会故意卖弄。凡是善于自夸自露的人，多是一些浅薄之徒，未必有真才实学，所谓"整瓶水不响，半瓶水有声"，就是这个道理。有才能的人，根本没有时间自我夸耀，因为他的时间都用来充实自己。无才的人经不起考验，有才的人却是"路遥知马力"，日久愈见其才。

积善之家必有余庆，积不善之家必有余殃

◎ 我是主持人

贤能的人有许多金钱，容易受物质的迷惑，以致耽于逸乐，意气消沉。愚昧的人有了金钱，更容易去从事非法的勾当，甚至危害大众，倒不如钱少一些，才没有"力量"犯什么大过失。由此可知，遗留财富给子孙，无论子孙贤与不贤，都是有害而无益，倒不如留"德"给子孙，设想更为周到。

◎ 原文

积善之家，必有余庆；积不善之家，必有余殃。可知积善以遗子孙，其谋甚远也；贤而多财，则损其志；愚而多财，则益其过。可知积财以遗子孙，其害无穷也。

◎ 注释

余庆：即余福，意思是多余之福可以泽及后人。殃：灾难，祸害。遗：给予，赠予。

◎ 译文

积德行善的家庭必有多余之福泽及后人，多行不善的家庭必有多余之祸殃及后人。因此可以明白，把积德行善给予子孙，才是为子孙作长远的考虑；一个人有才能而又有很多财物，就会有损于他的志向。一个人很愚笨而又有很多财物，就会增加他的过失。因此可以明白，积累财富留给子孙，祸害是无穷的。

◎ 直播课堂

若是不从因果报应来论子孙的祸福，而从社会的立场来看，凡是多做善事的人家，必为许多人所感激，子孙即使遭受困难，人们也会乐意帮助

他。反之，多行恶事的人家，怨恨他的人必然很多，子孙将来遭人迫害的可能性甚大，更别谈困难时有人帮助了。其实为福为害，亦赖教育，积善人家教导子孙向善，子孙必多正直，发达自可预期。积恶之家教子孙为恶，子孙必多邪曲，其倾败自然也可以预知。

每见待子弟严厉者易至成德，姑息者多有败行

◎ 我是主持人

"人到无求品自高"，心中放不下一个"利"字，等有利可图之时，难保不会受诱惑而失了人品。钱财在平时处理起来就很累人，既想得之，又要保之，若是在乱世，没有法律的保障，恐怕恶人都想谋夺了，不仅累人，还要招祸呢！

◎ 原文

每见待子弟严厉者，易至成德，姑息者多有败行，则父兄之教育所系也。又见有子弟聪颖者，忽入下流，庸愚者转为上达，则父兄之培植所关也。人品之不高，总为一利字看不破；学业之不进，总为一懒字丢不开。德足以感人，而以有德当大权，其感尤速；财足以累己，而以有财处乱世，其累尤深。

◎ 注释

败行：违背社会公德的行为。下流：地位低微。上达：上进，意指上流社会。

◎ 译文

经常看到这样的情况：对子孙严厉容易使其成为有德才的人，对子孙姑息纵容容易使其做出不符合社会公德的事来，这都是父辈和兄长平时教育的结果。又经常见到这样的情况：有的人家的子弟本来很聪明后来却沦

落到社会底层，有的人家的子弟本来很愚笨后来却进入了上流社会，这也是父辈和兄长平时培养的结果。有的人人品不高，是因为他始终看不破一个"利"字；有的人学业总是没有长进，是因为他始终丢不掉一个"懒"字；道德足以感化人，如果有道德的人掌握了大权，那么他对人的感化就会很迅速；财物足以累己身，如果有财物的人身处乱世，那么财物对他的拖累会更为沉重。

◎ 直播课堂

家长要教导孩子好的行为。孩童年纪小，经历的事情也少，如果太过宽容，会导致他在善恶的分辨上不够清楚。原谅孩子的小过错而不严格要求，那么他会认为无所谓，下次又犯同样的错误，最后将成为败坏德行的人。反之，若从小严格督导，小过必惩，小善必扬，长大会成为善恶分明、嫉恶扬善的有德之人，这全看父兄的教育态度。正如种树，幼株虽美，不细心加以栽培，最后树木也会长得芜杂不堪。反之，幼株虽劣，若能晨昏灌溉，小心扶持，也能长成枝干皆美的良材。因此资质禀赋并非绝对重要，后天的教养对一个人更为重要。

读书无论资性高低，但能勤学好问

◎ 我是主持人

所谓"英雄不怕出身低。"在社会上做人，最重要的是诚实稳重，不做不该做的事。正直做人，乐于公益，自然为邻里所器重，哪怕出身低呢？

◎ 原文

读书无论资性高低，但能勤学好问，凡事思一个所以然，自有义理贯通之日；立身不嫌家世贫贱，但能忠厚老成，所行无一毫苟且处，便为乡党仰望之人。

◎ 注释

义理：道义，道理。苟且：敷衍了事，不认真。乡党：乡亲。

◎ 译文

读书不论天资高低，只要能够勤学好问，遇到事情都能想一想为什么，自然就会有将高深的道理融会贯通的时候；立身不要嫌出身贫贱，只要能够忠厚老实，做任何事情都认认真真，没有一丝一毫的敷衍了事，就会成为乡里乡亲敬仰的人。

◎ 直播课堂

不论天赋如何，如果不断学习，总会有收获。此外，做学问遇到疑难处，要不耻下问。同时，也要多多思考，试着自己解决问题。长此以往，自然有一天能把所读过的书融会贯通而运用自如了。

孔子何以恶乡愿，只为他似忠似廉

◎ 我是主持人

孔子在《论语·阳货篇》说了一句"乡愿，德之贼也"。什么原因呢？因为"乡愿"就是我们今日所说的"伪君子"。"乡愿"之可厌，一在其虚伪不实，二在给别人错误的印象，使其失去正道。这种人欺世盗名，岂不可恨？

◎ 原文

孔子何以恶乡愿，只为他似忠似廉，无非假面孔；孔子何以弃鄙夫，只因他患得患失，尽是俗心肠。

◎ 注释

乡愿：即乡原，指表面忠厚而实际上奸诈的人。鄙夫：见识浅陋的人。

◎ 译文

　　孔子为什么讨厌那些假模假样的人呢？因为他们表面上看起来像是忠厚廉正，而实际上给人看的不过是一副假面孔；孔子为什么鄙弃那些见识浅陋的人呢？因为这些人老是计较个人私利，患得患失，心里想的都是些世俗的东西。

◎ 直播课堂

　　所谓"鄙夫"，乃是指不明礼义，不知生命精神价值重于个人利益的人；因此在任何场合，只顾自己的利益，为了自己的私利甚至不惜破坏社会上对礼义的尊崇，使得众人也和他一般重利轻义，岂不可厌！

打算精明，自谓得计

◎ 我是主持人

　　凡事精打细算，拼命占便宜的人，遇到与他人利益相冲突时，必然也会不惜牺牲别人。就像《红楼梦》中的王熙凤，何等厉害？但终究难逃衰败之运。因为人之所以能发达家业，并不在处处与人争利害，最重要的是在学问道德以及为人处世上，谨厚踏实地去修养，做子孙的榜样。

◎ 原文

　　打算精明，自谓得计，然败祖父之家声者，必此人也；朴实浑厚，初无甚奇，然培子孙之元气者，必此人也。

◎ 注释

　　元气：自然本真之气，这里指浩然之气。

◎ 译文

　　有的人为求一己私利很善于算计，而且常常自鸣得意，但是败坏长辈们留下来的家族好名声的，也必定是这样的人；有的人为人淳朴老实、忠诚厚道，一开始并没有表现出多少出众之处，但是真正能够培养子孙浩然之气的，也必定是这样的人。

◎ **直播课堂**

与人争利害，多半要尔虞我诈一番，不免被人视为奸狡之徒而自掘坟墓，倒不如待人宽厚，能不计较的就不要计较，如此才能得"人和"，对于事业有无穷的帮助。能以狡诈教子孙的，子孙的胸襟大多不宽广，于其死后争夺遗产，甚至闹出丑闻。能以敦厚教子孙的，子孙能同心协力将祖先的事业拓展得更辉煌。

心能辨是非，处事方能决断

◎ **我是主持人**

什么事是对的，什么事是错的？如何做才正确，何种法该避免？这些都是我们遇到事情时首先要考虑的，而这些都决定于我们自己。所谓是非，并不光是指事情的对错，同时也代表着善恶。有些事对错并非十分明显，这时更要仔细判别，以免做下错事。如果我们的心对事情的是非判别得很清楚，那么就不会因外在环境的影响而改变我们的行为，同时，也会毫不犹豫地知道自己该怎么办。

◎ **原文**

心能辨是非，处事方能决断；人不忘廉耻，立身自不卑污。

◎ **注释**

卑污：卑鄙龌龊。

◎ **译文**

心中能够明辨是非，处理事情的时候才能够果断地作出决断；人时刻不忘礼义廉耻，立身处世自然不会卑贱龌龊。

◎ 直播课堂

"廉"是不取不该取之物,"耻"是对不当的行为有惭愧改过的心。能做到知"廉耻"的地步,持身自然高洁,人格自然就不卑鄙了。

明辨愚和假,识破奸恶人

◎ 我是主持人

仁和义均是可贵的情操,但对内心充满私欲的人来说,仁义并非是他们所能做到的。不过为了贪图仁义的美名,他们也可以用仁义做幌子,骗取他人的信任与尊敬;所以便有许多假仁假义之徒鱼目混珠,冒充仁义之士。

◎ 原文

忠有愚忠,孝有愚孝,可知忠孝二字,不是伶俐人做得来;仁有假仁,义有假义,可知仁义两途,不无奸恶人藏其内。

◎ 注释

愚忠:忠心到旁人看来是傻子的地步。愚孝:旁人看来十分愚昧的孝行。伶俐:灵活、聪明。

◎ 译文

有一种忠心被人视为愚行,就是"愚忠",也有一种孝行被人视为愚行,那是"愚孝",由此可知,太过聪明的人是做不来的"忠""孝"。同样,仁和义的行为中,也有"假仁"和"假义",由此可以知道,在一般人所说的仁义之士中,不见得没有奸险狡诈的人。

◎ 直播课堂

忠和孝原本没有什么道理可讲,因为这是出于人的至诚和天性,是一种至情至性、无怨无悔的感情。无论是国家之情、父母之情乃至于友人之情,

发挥到至诚处，都是无所计较，在外人看来也许是愚昧的，不可理喻的；然而，情之为物，本就不可理喻。"忠"字之下带"心"，"孝"字是"子"承"老"下，这都说明它们包含了相当深厚的感情。所谓"情到深处无怨尤"，任何情感皆是如此，这岂是太过聪明、工于心计的人所能做到的？

天底下愈是珍贵的物品，愈要谨防赝品；不过，假珠宝只是以物欺人，假仁假义却是以义欺人，尤为可诛。

权势之徒如烟如云，奸邪之辈谨神谨鬼

◎ 我是主持人

至亲好友，原本是每个人最亲近的人，君子若得志，必然对自己的亲戚好友全力给予帮助，使自己所关心的人也能过很好的生活；小人则不然。

◎ 原文

权势之徒，虽至亲亦作威福，岂知烟云过眼，已立见其消亡；奸邪之辈，即平地亦起风波，岂知神鬼有灵，不肯听其颠倒。

◎ 注释

权势之徒：有权力威势可倚仗的人。烟云过眼：比喻极快消失的事物。风波：纷扰、争端。

◎ 译文

有权有势的人，虽然在至亲好友的面前，也要卖弄他的权势作威作福，哪里知道权势是不长久的？就像烟消云散一般容易。奸险邪恶之徒，即使在太平无事的日子里，也会为非作歹一番，哪里晓得天地间终是有鬼神在暗中默察的？邪恶的行为终归要失败。

◎ 直播课堂

小人一旦得势，首先感受到他恶的，便是这些至亲好友，或颐指气使，或施小惠而辱其人格，这都是小人得势的丑态。殊不知，权势通常不长久，任何事到了顶峰之后，接着必定走下坡，何况是权势落在一个没有仁德足以把持它的小人手中呢？到那时，连最亲近的人都要唾弃他了，真的是自作自受。所以，人面临权势时，岂能不谦虚忌盈、行善保福？奸恶邪曲之辈，不但在乱世乘势作乱，就算在清明太平的日子里，也会无端地做危害他人的事，不但不容于国法人情，天地也不会任凭他们颠倒是非、扰乱生民。

不为富贵而动，时以忠孝为行

◎ 我是主持人

人的价值在于思想言行是否专一正直，人格修养是否浑厚质朴。因此，外在的富贵并不能增加人的价值，外在的贫贱也不能减损人的价值。即使这样，真能如此做的人毕竟太少了。能明白这一点的人，自己富贵时，并不觉得自己就比别人高贵多少，所以能平等待人；看到别人富贵而自己贫穷时，也不会嫉妒或羡慕，更不会有丝毫的酸腐之气。

◎ 原文

自家富贵，不着意里，人家富贵，不着眼里，此是何等胸襟；古人忠孝，不离心头，今人忠孝，不离口头，此是何等志量。

◎ 注释

胸襟：胸怀和气度。志量：志气和度量。

◎ 译文

自身富贵显达了，并不将它放在心上，或时时刻意去显示自己高人一等。至于别人富贵了，也不将它放在眼里，而生嫉妒羡慕的心，这要何等的胸怀和气度才能做得到？古代的人常常将忠孝二字放在心上，不敢忘记要去实践它。现在的人，虽不如古人那么敬谨，却也对他人忠孝的行为能毫不吝惜地加以称道，时常去提倡它，这又要何等的抱负和度量才能实行？

◎ 直播课堂

　　古代的人，时时将忠孝二字放在心上，反求诸己，不敢一时或忘。现在的人，虽不像古人随时想着忠孝二字，但是"行虽不及，心向往之"，看到有人做到的，就连忙赞不绝口，至少这也有移风易俗之效。能不离口头，多半也是个有心人了。这两等人，前者实践的心志可嘉，后者容人的度量可佩，同样值得我们效法推崇。

己所不欲勿施于人

◎ 我是主持人

　　若从佛家轮回的观点来看，一切众生均经过百千万年的轮回，任何一种生物都有可能是过去父母亲友所投胎，所以，佛家不只严禁杀生，连无故迫害众生也绝不允许。再从儒家的仁道立场看，别人对你不好，你会痛苦不堪，若换个立场，你对别人不好，别人可受得了？

◎ 原文

　　王者不令人放生，而无故却不杀生，则物命可惜也；圣人不责人无过，唯多方诱之改过，庶人心可回也。

◎ 注释

　　王者：君王。物命：万物的生命。责：要求。庶：庶几；差不多。

◎ 译文

　　为君王的，虽然不至于下令叫人多多放生，但是也不会无缘无故地滥杀生灵，因为这样至少可以教人爱惜性命。圣人不会要求人一定不犯错，只是用各种方法，引导众人改正错误的行为，因为如此才能使众人的心由恶转善，由失道转为正道。

◎ 直播课堂

宋儒说"民胞物与"，就是要推仁及于万物。因此做君王的，虽不便下令要人民多放生，但是自身绝不无故杀生，一方面以身作则，另一方面也因为物力维艰，生灵皆苦，应有悲哀矜怜的心。

圣人并不严厉地责备人绝对不能犯错，因为圣人明白，平常人的心志怯弱，要人绝对不犯错是不可能的事。若是犯了小错便不原谅他，反而阻止了人们改过向上之路。圣人只希望人们了解，什么是对的，什么是错的。所谓"过而能改，善莫大焉"，孔子也说"不贰过"，像这样对众人循循善诱，使他们走向正道，圣人真是苦口婆心。古圣先贤距今虽然遥远，今人若不能体会古人的用意，也真是辜负了那一份久违的心思了！

不论祸福而处事，平正精详为立言

◎ 我是主持人

读书人著书立说，贵在言辞公允客观，不可偏私武断。因为文章是给人看的，若是观点有所偏差，岂不是误导了众人？曹丕认为文章是百年的大业，一点也不差；而孔子"述而不作"，想必也是有道理的。因此，作文章一定要客观公正，谨慎下笔，否则，率尔操觚，哪有什么可看性呢？其次再求精要详细，言无不尽，这样的文章才是最可贵的。

◎ 原文

大丈夫处事，论是非，不论祸福；士君子立言，贵平正，尤贵精详。

◎ 注释

大丈夫：有志气的男子。士君子：读书人；知识分子。立言：树立精要可传的言论。平正：持论平正。精详：精要详尽。

◎ 译文

　　有志气的人在处理事情时，只问如何做是对的，并不问这样做为自己带来的究竟是福是祸；读书人在写文章或是著书立说的时候，最重要的是立论要公平公正，若能更进一步去要求精要详尽，那就更可贵了。

◎ 直播课堂

　　一个有志气的人，在处理任何事情时，首先想到的一定是"是"和"非"，最后坚持的一定也是"是"和"非"。只论是非而行事，必是"当是者是之，当非者非之"。要做到这样，并不容易。因为，有些小人在与你共事的时候，只图一己的私利，不希望你依正道行事，而希望你按照他最有利可图的方式做事，若不照着做，便想尽办法阻挠你、打击你，如果你只想趋吉避凶的话，就很容易失了正道。因此大丈夫行事，只问事情对错，有勇气承担一切祸福，不因此而丧失人格。

不求空读而要务实

◎ 我是主持人

　　人如果一心想做官，追求富贵荣华的生活，必定将身心都投在经营功利之中，如何有心慢慢欣赏一首音乐，细细品读一本书呢？这般人早已在生命中失去了赤子之心，身心放逐于俗务之中，哪里懂得什么才是真正的乐趣？至于那些追求生命更高境界的人，或言"天人合一"，或言"心在自然"，甚至是"心空寂灭"。事实上，生命真正的境界并不在形而上之处，真正的修行也不在离群索居，而在于务实。

◎ 原文

　　存科名之心者，未必有琴书之乐；讲性命学者，不可无经济之才。

◎ 注释

　　科名：科举功名。性命学：讲求生命形而上境界的学问。经济：经世济民。

◎ 译文

存着追求功名利禄之心的人，无法享受到琴棋书画的乐趣；讲求生命形而上境界的学者，不能没有经世济民的才学。

◎ 直播课堂

"人间"才是生命境界的开拓处。空谈既不能改变自己的命运，也不能帮助别人的生命达到圆满的境界，谈玄论道往往只是凭空说话，所以，追求生命最高境界的人，一定要落实于"人间"，发挥经世济民的才干。在造福万民之中，体验生命的真谛，才能开拓更深广的生命境界，否则，一切的奥妙道理都毫无意义。

遇事勿躁，淡然处之

◎ 我是主持人

"秀才遇到兵，有理讲不清。"我们常会遇到一些不可理喻的人，简直无法和他讲通，倒不一定是女人，"泼妇"只是一些不可理喻的人的代称而已。因为古时女子多数无法受教育，所以，便有一些不明理的女子，遇事不管体统，只会吵闹。故此对那些不明事理的人，一概称之为"泼妇"，也是可以的。

◎ 原文

泼妇之啼哭怒骂，伎俩要亦无多，唯静而镇之，则自止矣。谗人之簸弄挑唆，情形虽若甚迫，苟淡而置之，是自消矣。

◎ 注释

伎俩：把戏、花样。谗人：喜欢用言语毁谤他人的小人。簸弄挑唆：搬弄是非，挑拨离间。苟：如果。

◎ 译文

　　蛮横而不讲理的妇人，任她哭闹、恶口骂人，也不过那些花样，只要定思静心，不去理会，她自觉没趣，自然会终止吵闹。好说人是非、颠倒黑白的人，不断地以言辞来侵害我们，自己似乎已经被他逼得走投无路了，如果不放在心上，对那些毁谤的言语，听而不闻，那么他自然会停止无益的言辞。

◎ 直播课堂

　　"泼妇"只是吵闹，这种人只是愚蠢无须与他计较，不去理他，他自讨没趣便会闭嘴了。最可厌的是那些搬弄是非的小人，专逞口舌中伤人，较"泼妇"无意义的言辞，更是厉害十分了，每每使人百口莫辩，被人误会得走投无路。但是如果能将这些利害不放在心上，让"清者自清、浊者自浊"，这些小人眼见尖酸刻薄的言语不能影响你，自然会闭上他的嘴了。何况谎言终有拆穿的时候，众人自会明了"说人是非者，即是是非人"的道理。因此，"不理他，看他如何"的淡然心胸，实在是现代人的"治人"之道。

救人于危难，脱身于牢笼

◎ 我是主持人

　　传统的包袱、人情的俗见，甚至自己的偏见，将一个人重重地禁锢着，这便是每个人的"牢笼"。若能冲破樊笼，既不受制于传统，也不受限于人情，最难得的是还能不为自己的成见欲念所困，有极大的智慧和勇气，这样的人还不能被称为"大英雄"吗？

◎ 原文

　　肯救人坑坎中，便是活菩萨；能脱身牢笼外，便是大英雄。

◎ 注释

　　菩萨：指具有慈悲与觉了之心，能救度众生于苦难迷惑，并引导众生成佛的人。

◎ 译文

　　肯费心费力去救助陷于苦难中的人，便如同菩萨再世。能不受社会人情的束缚，超然于俗务之外的人，便足以称之为最杰出的人。

◎ 直播课堂

　　"菩萨"一词依佛教的讲法，乃是具有"菩萨行"的人。所谓"菩萨行"，除了奉行五戒十善求自身的了悟之外，最重要的便是一种救度众生于苦难的心行，所谓"众人有病我有病""愿代众生受一切苦"，乃至于如地藏王菩萨的"地狱不空，誓不成佛"，皆是一种"人溺己溺，己达达人"的胸怀。因此我们可知，所谓"菩萨"并不专指庙里供人膜拜的菩萨。而人生的坎坷，也不仅是外在物质的困苦，更严重的是内心迷失了正道。若有人能为众人解脱内心的犹疑和外在的困乏，那么这人所做的一切，便是十足的"菩萨行"，便是活生生的"人间菩萨"。

待人要平和，讲话勿刻薄

◎ 我是主持人

　　脾气怪僻、执拗或是横暴的人，不能得天地平和之气。这种人不但容易得罪人，惹祸招殃，自己也容易自绝于天地。由于心里不能平衡，容易做出伤人伤己的事，因此不易保全性命。社会上因心理不平衡而伤人或是自杀的人，多是这种人。

◎ 原文

　　气性乖张，多是夭亡之子；语言深刻，终为薄福之人。

◎ 注释

气性：脾气性情。乖张：性情乖僻或执拗暴躁，和众人不同。夭亡：短命早死。深刻：尖酸刻薄。

◎ 译文

脾气性情怪僻或是执拗的人，多半是短命之人。讲话总是过于尖酸刻薄的人，可以断定他没有什么福分。

◎ 直播课堂

讲话总是过于尖酸刻薄的人，活着十分辛苦，什么事情总是放不下，倒不如一些不思不想、凡事不计较的人来得有福，因为他们心无挂碍，自由自在。多思虑的人，终日为思虑所缚；过于尖刻的人，终日为利害所缠，身虽悠闲，内心却不安逸；食不知味，寝不安枕。即使将天下最甘美的山珍海味放在他面前，他也无法享用。这种人怎么会有福气？为了"自求多福"，我们还是厚道些吧！

志不可不高，志不高则同流合污

◎ 我是主持人

一个人的野心不可太大，因为人心是永远不能满足的。野心太大，容易好高骛远，不切实际。事实上，人的生命短暂，每个人所能完成的事十分有限，一旦超过自己的能力所及，便可能到老一无所成。毕竟最远的路，也要从身旁的路径走起啊！倒不如量力而行，脚踏实地一步一步地往前走，反而能实现理想；否则野心再大，不去实践，什么事也做不成。

◎ 原文

志不可不高，志不高则同流合污，无足有为矣。心不可太大，心太大则舍近图远，难期有成矣。

◎ 注释

期：期望，希望。成：成功，成就。

◎ 译文

一个人不能不立志高远，志向不高远就会与世俗同流合污，不足以成就大的事业。一个人的心性不可太大，心性太大就不能立足眼前，而是好高骛远，舍近求远，难以期望他有什么成就。

◎ 直播课堂

一个人的志气不高，就没有一定的目标，也没有一定的原则可坚守，更不可能有为有守。如果置身于良好的环境，也许能水涨船高不至于一事无成。但是，若处在恶劣的环境，则很难做到洁身自爱，终归是个不肖之徒。志气高的人便不如此，有一定想要达成的事，也有绝对不能去做的事。好的环境，他乘势飞扬，不好的环境，也能洁身自好，总不会失去他的人格，被环境牵着鼻子走。

贫贱非辱，贫贱而谄求于人者为辱

◎ 我是主持人

贫穷和地位的高低，都是外在的，若能不妄求非分，自励自足，身处贫穷或卑下，都不足以令人可耻。真正的可耻，是因为贫穷而放弃了自己的人格。这些人自认为低贱，因此才想钻谋逢迎，自毁人格。有钱有地位，也没有什么值得光荣的，因为独自享有金钱地位，对他人并没有益处。若能用自己的钱财救助苦难，广施博济，用自己的地位施恩给众人，造福乡里，那么富贵用于德业，才真正值得光荣。

◎ 原文

贫贱非辱，贫贱而谄求于人者为辱；富贵非荣，富贵而利济于世者为荣。讲大经纶，只是实实落落；有真学问，决不怪怪奇奇。

◎ 注释

诣：谄媚，奉承。利济：有利，有帮助。经纶：道理，学问。

◎ 译文

贫穷卑贱不是可耻的事情，贫穷卑贱而卑躬屈膝地谄媚奉承别人才是真正的可耻；富贵不是什么荣耀的事情，富贵之后能够对社会有所帮助才是荣耀。讲述大的道理，应当实实在在、明明白白；真正的学问，绝不是高谈怪诞不经的言论。

◎ 直播课堂

经世治国的学问，不同于奇思幻想的文章，务必要求深切时弊、平实可行。否则言辞虽美，却空洞不可行；或是巧思虽多，均不切实际，不但劳民伤财，也会使政务混乱，一无成效。至于真正有学问的人，绝不哗众取宠；只有沽名钓誉的人，才会谈些奇奇怪怪的言论引人注目。即使不是这样，如果一个人说的尽是一些光怪陆离的事，就可知这个人的学问离世甚远，或者十分偏颇。真正的学问，应是在人性的常情中，可以用之于现实社会；一些奇怪而不能用之于实际生活的学问，只是掩饰无知的挡箭牌，不是真学问。

古人比父子为乔梓，比兄弟为花萼，比朋友为芝兰

◎ 我是主持人

乔梓、花萼、芝兰，都是自然界的生物，天地万物，其生长都有一定的次序，依序顺行不悖，天地才有一股祥和之气，人伦亦得如此。乔高高在上而梓低伏在下，正像子对父应敬事孝顺。花与萼同根而生，相互依存，可以想见兄弟的亲情与相互扶持。芝兰的香气幽远，可见与有德的人交朋友，可受其感化，使自己也成为有德之人。"万物静观皆自得"，古人体察自然，赋予人伦亲情更深的意义，可知古人的心思细腻，而天地自然

更是处处有情了。

◎ 原文

古人比父子为乔梓，比兄弟为花萼，比朋友为芝兰。敦伦者，当即物穷理也。今人称诸生曰秀才，称贡生曰明经，称举人为孝廉。为士者，当顾名思义也。

◎ 注释

乔梓：乔木和梓树。敦伦：敦睦人伦，使人伦合乎传统的道德规范。即：接近，靠近。这里引申为借鉴。顾名思义：从事物的名称联想到它的含义。

◎ 译文

古人把父子关系比作乔木和梓树，把兄弟关系比作花朵与萼片，把朋友关系比作兰花和绿草。当权者应该借鉴这些事物来深究其中的道理。今人称一般的读书人为秀才，称在国子监读书的人为明经，称通过乡试的举人为孝廉。读书人应该从这些名称中想一想其中蕴含的道理。

◎ 直播课堂

称读书人为"秀才"，称贡生为"明经"，称举人为"孝廉"，都可以由这些名称推知他们应具有的内涵。"秀才"便是要读书人能学有所成，成为一个"苗而秀"的人，而非"苗而不秀"。"明经"之意，便是能够明白经书中的道理，付诸行动，若不能如此，何足以为"贡生"？汉时选孝顺或清廉者为官，可知举人应当具有孝顺清廉的德行。由此可知，读书人当循名而求实，若是名不副实，岂不愧对天下人？

父兄有善行，子弟学之或不肖

◎ 我是主持人

父兄有善行，子弟不容易学，恶行却是学得很像。这是因为人的本性就像水流一般，下流容易上流难。修德好比爬山，父兄登在高处，子弟不一定爬得上；父兄若在坑谷，子弟一滚就下。可知教子弟最重要的是自己先端正身心，以身作则去带领他们。如果长辈满嘴仁义道德，实际却违法乱纪，晚辈怎么可能不受影响而为非作歹呢？俗话说："上梁不正下梁歪"，身教重于言教，做长辈的还是多多检讨自己的言行才对。

◎ 原文

父兄有善行，子弟学之或不肖。父兄有恶行，子弟学之则无不肖。可知父兄教子弟，必正其身以率子，无庸徒事言词也。君子有过行，小人嫉之不能容。君子无过行，小人嫉之亦不能容。可知君子处小人，必平其气以待之，不可稍形激切也。

◎ 注释

肖：像，相似。率：做表率。无庸：不用，用不着。徒：仅仅，只是。激切：激烈率直。

◎ 译文

父兄有高尚的行为，子弟向他们学习，有的人还学不像。父兄有不好的行为，子弟向他们学习，没有学不像的。由此可知，父兄教育子弟，一定要行得端做得正，以身垂范，不要只是靠几句话起作用。君子有了过错，小人就嫉恨而不能宽容。君子没有过错，小人同样也是嫉恨而不能宽容。由此可知，君子和小人相处，一定心平气和地对待他们，不可稍稍表现出激烈率直之意。

◎ 直播课堂

向来小人就嫉妒君子，因为小人没有雅量，看不得别人比自己好。因此，一旦有德的君子犯了一些小过失，就会被无德的小人夸大、抹黑。所以，君子和小人相处的时候，一定要平心静气，不要因为太急切于维护道德，而过于严厉地责备对方。因为小人没有雅量容忍别人的过失，只怕教他不成，反而使他恼羞成怒来害人。

守身不敢妄为，恐贻羞于父母

◎ **我是主持人**

　　历史上的汉奸走狗，社会上的不法分子，以及德行不良的人，这些人在为非作歹的时候，并没有顾念到生养他们的父母会因他们的行为而蒙羞。话说回来，如果他们有一些孝心的话，就不会做出这种事了。有孝心的人做事会洁身自好，以免让父母愧对世人。

◎ **原文**

　　守身不敢妄为，恐贻羞于父母。创业还需深虑，恐贻害于子孙。

◎ **注释**

　　守身：坚守节操。妄为：胡作非为。贻：蒙受，遭受。

◎ **译文**

　　坚守节操，洁身自好，不敢胡作非为，唯恐让父母蒙受羞辱。创立家业还需要深思熟虑，唯恐给子孙留下祸害。

◎ **直播课堂**

　　一个人在开创事业时，尤其要仔细地考虑，唯恐从事了不好的职业，会危及自己的孙子。譬如，那些开设赌场甚至娼馆的人，子孙在耳濡目染之下，不也成了此辈中人？这岂不是害了子孙？我们常说："男怕入错行，女怕嫁错郎。"其实，无论男女都怕"入错行"。为了使我们的下一代更健康，不妨从我们这一代做起，大家从事"健康的"工作，造就一个风俗淳良、积极进取的社会。

无论做何等人，总不可有势利气

◎ 我是主持人

我们无论学习或是从事工作，如果粗心大意或是不把它当一回事，都不可能会成功。任何事之所以会成功，完全在一颗谨慎沉稳的心，否则，终不能有什么成就。

◎ 原文

无论作何等人，总不可有势利气。无论习何等业，总不可有粗浮心。

◎ 注释

势利：权势和利益。业：行业，行当。

◎ 译文

不论身处社会哪一个层次，都不能有追逐权势和个人私利的习气。无论从事什么职业，都不能有粗糙轻浮的念头。

◎ 直播课堂

"等"有等第、阶级之意，古代社会阶级的观念相当重，现在则有工作的差别。但无论从事何种工作，不管是高高在上的管理阶层，或是以劳力赚钱的工人农民，最重要的是不要有一种以财势衡量人的习气，因为人的价值并不在于外表的地位和财富。以财富地位衡量人的人，他的人格比别人高尚吗？充其量也不过满身铜臭罢了！

知道自家是何等身份，则不敢虚骄矣

◎ **我是主持人**

"身份"，并不专指社会上的身份地位，因为社会上的身份地位是很明显的。在公司为属下职员的，总不至于在上司面前骄傲自大，即使有，也很少见。这里讲的"身份"，主要指一个人对自己的能力和内涵，有一种清醒的认知。

◎ **原文**

知道自家是何等身份，则不敢虚骄矣。想到他日是那样下场，则可以发愤矣。

◎ **注释**

虚骄：自我夸饰，自高自大。

◎ **译文**

明白自己在这个社会上是怎样一种身份，就不敢自我夸耀、妄自尊大了。想到眼下不努力，日后将是何等凄惨的结局，就应该发愤努力了。

◎ **直播课堂**

人贵自知，然而"自知"却是最难的。有许多人小有才能，就自以为了不得；有的人没有什么能力，却十分傲慢。殊不知，这就像站在凸透镜前，将自己照得很胖；又像是癞蛤蟆胀大了肚子，自以为很大，别人看来无非是笑话。一个人要有自知，才可能充实自己，而不会夜郎自大。当我们看到那些在年轻时不肯多努力的人，到老一无所成，或徒自嗟叹，或晚景凄凉；再反观我们自身，若是再不努力，时光易逝，转眼也与他们一般，不禁要暗自惕厉，趁着年轻，好好立下志愿，努力去完成，免得落到与他们一样的下场。

常人突遭祸患，可决其再兴

◎ **我是主持人**

平常人遭受到灾祸时，如果不是那种经不起打击、一蹶不振的人，一定会尽全力解决困难，重缔佳绩。因为，一方面挫折的刺激使他更加努力，另一方面，他在做事的时候会更加谨慎，对任何可能发生的变故也会采取预防的措施，因此，他也许会比原来更有成就。

◎ **原文**

常人突遭祸患，可决其再兴，心动于警励也。大家渐及消亡，难期其复振，势成于因循也。

◎ **注释**

警励：戒备，发奋。因循：墨守成规而不知变更。

◎ **译文**

寻常人家突然遭受意外灾祸，可以判断他们还会再次振兴，因为他们会因灾祸而提高警惕，并会像当初一样奋发图强。大的家族慢慢地走向衰亡，就很难期望它重新振兴，因为这个家族的人已经习惯了墨守成规，不知变革。

◎ **直播课堂**

如果是一个大家庭、一个团体乃至于一个社会国家，逐渐衰败时，就不是那么容易挽回了，因为"冰冻三尺，非一日之寒。"想澄清一杯污水很容易，要澄清一条泥河就很难了。社会或国家的衰败有许多原因，就像一棵树内部生了蛀虫，起初并不引人注意，等到叶子黄了，它的树心已经被虫蛀空，这时才想要挽救那棵树就太迟了。正如清朝末年的积弱，有许多内部腐败的原因，并非变法就能救得了，所以，只有革命，中国人才能得救。显而易见的祸害容易预防，最怕的是不知不觉地衰败，等发觉时已来不及。所谓"生于忧患，死于安乐"，无论国家或是个人都是如此，最重要的是要有警惕的心理，如果等船底的漏洞扩大了才想补救的话，船便有沉没之虞了。

天地无穷期，生命则有穷期

◎ **我是主持人**

富贵不是每一个人都能达到的。何况富贵无常，得失难以预料，但是一个人的学问和人格却操之在我，多学一分，知识便多增长一分。只要我们能抱着"活到老、学到老"的精神，学问永远是人类无尽的宝藏。

◎ **原文**

天地无穷期，生命则有穷期，去一日便少一日。富贵有定数，学问则无定数，求一分便得一分。

◎ **注释**

穷期：尽头的日子，完结的时候。定数：一定的气数。

◎ **译文**

天地没有尽头的日子，生命则有完结的时候，过去一天就少一天。富贵都有一定的气数，学问则没有一定的数量，多下一分功夫，就会多得一分学问。

◎ **直播课堂**

人的生命并不像天地那么长久无尽，因此，经不起浪费。如何善用有限的生命，便是我们所要努力的方向。因此，千万不要彷徨蹉跎或是浑噩度日。要知生命过一日，便是少一日。"一朝临镜，白发苍苍"的感受，何其苍凉？又包含多少追悔的无奈？最好能每日反省自己所思所行，到底获得了多少？又有多少时间是荒废在无意义的事情上？有了这种痛切的反省，相信就不会虚度时光了。

处事有何定凭，但求此心过得去

◎ 我是主持人

　　我们在决定从事哪一行业时，一定要先衡量自己的性情、兴趣以及能力，是否适合于这个行业，倘若有一样不适合，就不可能愉快。如果是能力不够，就该提高能力；如果是兴趣不足，可以试着培养。假设这些全都做不到，可以试着换个行业做，不要让自己钻在牛角尖里。天下可做的事很多，行行出状元啊！

◎ 原文

　　处事有何定凭，但求此心过得去。立业无论大小，总要此身做得来。

◎ 注释

　　定凭：确定的标准。

◎ 译文

　　处理事务有一定的标准吗？只要能够自己心安理得就是了。创事立业没有大小之分，只要适合自己、能够做得成就好。

◎ 直播课堂

　　许多事，做得好或坏，并没有一定的标准。有时自己做得不错，别人却说不好；有时别人偷懒，却得到很好的待遇。凡事但求尽其在我，何必太在乎外在的毁誉呢？不要因为外在的影响而违背了自己的良心。世界上再也没有比自己的良心更重要的事了。人间的事业随风而过，良心却跟着我们一辈子。若是对不起人，可能到死都无法安心呢！可见"心安理得"也是一门相当重要的人生哲学。

气性不和平，则文章事功俱无足取

◎ 我是主持人

我们常说："文如其人。"一个人的脾气性情如果不平和，言论尖酸刻薄、泼辣恶毒，或是莽撞粗鄙，他的文章一定也充满着这些邪恶之气，没有开阔平和的气象，哪有什么可读性？因为一个人的文章、行事的风格，正是他本质的显现，如果这些杂气不去除，其文章、事业必然带着这种气性，读之学之不仅无益，反而有害。

◎ 原文

气性不和平，则文章事功俱无足取。语言多矫饰，则人品心术尽属可疑。

◎ 注释

气性：脾气和秉性。事功：事业，功业。

◎ 译文

一个人如果脾气暴躁、秉性尖刻，那么他在学问和事业上都不会取得多大的成就。一个人如果说话虚伪造作，那么他的品行和心术都很值得怀疑。

◎ 直播课堂

想知道一个人是否值得相信，只要看它表现出来的是否合乎应有的本质。一个信口雌黄的人，要说他的人格品性崇高、心境恬淡，那是不可信的。因为人品崇高、心境淡泊的人不可能随口造谣，也不会夸大其辞。判断人大致可以用这个观点去看，就可以识破许多欺世盗名之辈。

谨守拙，慎交友

◎ 我是主持人
聪明当然很好，若是运用得当，不仅可以造一己之福，也可以造大众之福。但是，如果聪明的人心术不正，将聪明用在不正当之处，不仅使自己遭到祸害，也会害众人。还有一种人，自以为聪明而不知努力，聪明就成了好吃懒做的借口。

◎ 原文
误用聪明，何若一生守拙；滥交朋友，不如终日读书。

◎ 注释
守拙：即以拙自安，不以巧伪与人周旋。

◎ 译文
把聪明用错了地方，不如一辈子谨守愚拙，至少不会出错。随便交朋友，倒不如整天闭门读书。

◎ 直播课堂
俗话说，"聪明反被聪明误。"因此，那些朴拙老实的人反而可爱多了，他们默默地苦干，坚忍谦虚，不投机取巧，不哗众取宠，一生平平凡凡，却也踏踏实实。

古人言："独学无友，则孤陋而寡闻"，由此可知朋友的重要性。然而，如果所交的朋友都是一些品格低劣、不能互相勉励的酒肉朋友，和这些人交往，把时间浪费在交际应酬上，倒不如关起门来读好书。因为一本好书既不会让人同流合污，又能够怡情养性、增进知识，读到心灵共鸣处，那份快乐并不亚于交到一个知心好友。良书益友同样令人可喜，不过如果不用心选择，就很可能变成"坏书滥友"了。

放眼读书，站稳做人

◎ **我是主持人**

　　做人处世，一定要把握原则、站稳立场，因为社会上的事情五花八门，一不留意便会失足。"站稳脚跟"，就是教我们要坚定自己的信念，不要人云亦云，那么便可依自己的原则行事而不违初衷。

◎ **原文**

　　看书须放开眼孔，做人要立定脚跟。

◎ **注释**

　　放开眼孔：比喻放开眼界、心胸。

◎ **译文**

　　看书必须要放开心胸，才可能接受并判断新的观念。做人要站稳自己的立场和把握住原则，才是一个具有见地、不随波逐流的人。

◎ **直播课堂**

　　一个人如果不能放开心胸、捐弃成见，那么读任何书都无法得到益处。因为他的心已经容不下任何与自己相左的意见。"放开眼孔"，不仅是放开"肉眼"，去辨别一本书的好坏，最重要的是放开"心眼"，去与一本书做心灵的沟通。如果"心眼"不能打开，只是看到书的皮毛罢了，永远如井底之蛙，死守着井口一方天空。一本好书，是作者用尽心思撰写出来的，所以，读者也应该用心去读，才能真正读懂，真正了解作者的苦心所在。

第二章
慎言行善，安分守成

肤浅浮躁的人，会常常听到是非；谨言慎行的人，很难招惹是非。你需要感谢给你逆境的众生，你要学会宽恕众生，不论他有多坏，甚至伤害过你，你也一定要放下，才能得到真正的快乐。

持身贵严，处世贵谦

◎ 我是主持人

有的人为人十分庄重，不苟言笑，这种人律己甚严，乍看之下似乎很骄傲，其实，他是不做没有意义的事。不像有些人，只是因为自尊自大而瞧不起别人。你若去亲近庄重的人，就会发现他"望之俨然，即之也温"，并非想象中那么拒人于千里之外，相反也许会令你十分愉快。但是如果是一个傲慢的人，你去接近他，可能会平白无故地受到侮辱。这和"严于律己，宽以待人"的君子大不相同，因为君子自重，而傲慢的人却是自大。我们修身养性，千万不要由自重而流于自大。

◎ 原文

严近乎矜，然严是正气，矜是乖气；故持身贵严，而不可矜。谦似乎谄，然谦是虚心，谄是媚心；故处世贵谦，而不可谄。

◎ 注释

严：庄严。矜：自尊自大。

◎ 译文

庄重有时看来像是傲慢，然而庄重是正直之气，傲慢却是一种乖僻的习气，所以，律己最好是庄重，而不要傲慢。谦虚有时看来像是谄媚，然而谦虚是待人有礼不自满，谄媚却是因为有所求而讨好对方，所以，处世应该谦虚，却不可谄媚。

◎ 直播课堂

虚怀若谷的人，即使学问渊博也不会骄傲自满，古人曾训勉我们"满招损，谦受益"，可知谦虚可以使我们学习更多的新知，博得更多的尊重。能虚心受教的人，才能不断地充实自我。而谄媚是一种钻营奉承的态度，为达目的不惜卑躬屈膝以讨好人，因此才说它是"媚心"。"虚心"和"媚心"相比较，一为无所求，一为有所求；一为内敛，一为外求；一为精神上的求知心，一为物质上的欲求心，差别甚大。因此，我们待人接物不能有谄媚的心理，不可无谦虚的态度。

财要善用，禄要无愧

◎ 我是主持人

世人都渴望官禄和福分，然而究竟有几个人当得起呢？如果不由正当途径得到，尽是做一些亏职损福的事，对不起自己的良心又有什么用？因为了这些外在不长久的福禄，有的人已经将自己的人格输掉了。其实福禄本无定数，又何必太过执着？倒不如求自己内心的福禄，无谄无曲、不忮不求便是心福，任谁也夺不去。

◎ 原文

财不患其不得，患财得，而不能善用其财；禄不患其不来，患禄来，而不能无愧其禄。

◎ 注释

患：忧虑。禄：俸禄，福气。

◎ 译文

不要忧虑得不到钱财，只怕得到财富后不能好好地使用。官禄、福分也是如此，不要担忧它不降临，而应该担心能不能无愧于心地得到它。

◎ 直播课堂

只要我们肯勤勉地做事，开源节流，财富是不难得到的。就怕自己懈怠懒惰，又挥金如土，如此却妄想拥有财富，简直是白日做梦。更怕得到了财富而不能好好去用它，不是当了守财奴，就是花天酒地，奢靡浪费。

那么财富反而成了害人的东西，不但害自己败家丧身，更危害社会。其实，财富若用于正途未尝不是一股力量，能乐善好施、有益民生，才是真正发挥财富的妙用。所谓"天要你富莫太奢""为富当仁"，都是告诉我们要善用金钱。

交朋友求益身心，教子弟重立品行

◎ 我是主持人

"面子一张皮，不著真心处"，交朋友如果是为了让自己更有面子，那么结交的只是"一张皮"，而不是"朋友"。有些人喜欢和达官贵人交往，逢人便说，借此提高自己的身份。实际上，这是极愚蠢的行为。因为与人相交，贵在相知，若是为了炫耀，倒不如和金钱去交往。而如此交友，是很难得到朋友的真心相待。真正的朋友，能够与你共患难，能够彼此帮助，有益身心。

◎ 原文

交朋友增体面，不如交朋友益身心；教子弟求显荣，不如教子弟品行。

◎ 注释

体面：面子。显荣：显达荣耀。

◎ 译文

交朋友如果是为了增加自己的面子，倒不如交一些真正对我们身心有益的朋友。教自己的孩子求得荣华富贵，倒不如教导他们做人应有的品格和行为。

◎ 直播课堂

教导小孩子，一定要着重在做人应有的品格和行为上，而不应该灌输给孩子追求富贵荣华的错误观念。因为前者是教导他如何成为一个"人"，如何完成自我。"君子务本，本立而道生"，这里"本"指的是做人的根本。可知培养孩子拥有端正的品性非常重要。另外，一个有品格的人，即使没有富贵荣华，仍然不失为高尚的人。

君子重忠信，小人徒心机

◎ 我是主持人

有时候，做人其实并不难，只要诚心待人，而且重信用，便能得到他人的重视和敬佩。君子做事，时时自问是否有失信之处，这样即使不识字的妇人和无知的孩童都会尊敬他。

◎ 原文

君子存心，但凭忠信，而妇孺皆敬之如神，所以君子乐得为君子；小人处世，尽设机关，而乡党皆避之若鬼，所以小人枉做了小人。

◎ 注释

存心：心里怀着的念头。机关：计谋。

◎ 译文

君子做事，但求尽心尽力，忠诚信实，妇人小孩都对他极为尊重，所以君子之为君子并不枉然。小人在社会上做事，到处设计、玩花样，使得人人都对他退避三舍，心里十分鄙弃他。因此，小人费尽了心机，也得不到他人的敬重，可说是白做了小人。

◎ 直播课堂

小人做事，处处费尽了心思，不顾他人死活，自私自利，谁见了他都像见了厉鬼一般，不愿与他打交道，因为他没有人心。

由此可见，费尽心思的小人与笃守忠信的君子，所得竟有天壤之别。

与其做小人徒劳心思，不如为君子朴实又受人器重。

对己要严，对人要宽

◎ 我是主持人

"万金易求，良心难得。"我们的心常常受到各种物质的引诱、偏见的误导、恶人的拨弄，往往把自己原有的一颗良善的心丢失了，换得的是偏心、妒心、贪心、邪心……揽镜自照，连自己也不认得。有谁能时时体察自己的良心，使自己更勇于分辨是非善恶，就真的十分难得了。深夜扪心，有几人能对他人毫无亏欠，能昂然天地之间而无所愧疚呢？

◎ 原文

求个良心管我，留些余地处人。

◎ 注释

良心：天生的良善之心。余地：余裕，宽裕之处，"留余地"亦即让人。

◎ 译文

希望自己有一颗良善的心，使自己时时不违背它。为别人留一些退路，让别人也有容身之处。

◎ 直播课堂

天地之大，无处不可容身；人心若小，则无处可以容人。任何人总有做错事的时候，只要不是十恶不赦之徒，只要他能改过，总是可以原谅的。谁又能担保自己永不犯错呢？假如犯错的是我们自己，又何尝不希望别人能原谅我们呢？因此，没有必要把别人逼得走投无路。更何况，能为人留下后路，自己的内心会更充实，人与人之间也会更和谐。圣人心胸广阔，如同天地，我们何不向圣人看齐，给人间留些宽阔的园地？

慎言，洁身

◎ 我是主持人

　　古人以玉比喻一个人的人格，玉上如果有了小斑点，这块玉就不是最好的玉了，正如一个人如果不谨言慎行，做错了一件事，就会玷污他的人格。当然，人不可能永无过失，以玉比人乃是古人的一番苦心，是勉励人要像玉一样洁白无瑕。所以，古人佩玉是希望自己的美德像玉一般光润美好。我们岂可妄自菲薄，自觉不如古人呢？

◎ 原文

　　一言足以召大祸，故古人守口如瓶，唯恐其覆坠也；一行足以玷终身，故古人饬躬若璧，唯恐有瑕疵也。

◎ 注释

　　召：同"招"，招惹之意。覆坠：倾倒坠亡。玷：污辱。饬躬若璧："饬"是治理，"躬"指自己，"饬躬若璧"就是守身如玉的意思。瑕疵：玉上的斑痕，比喻过失。

◎ 译文

　　一句话就可以招来大祸，所以，古人言谈十分谨慎，不胡乱讲话，以免招来杀身毁家的大祸。一件错事足以使一生清白的人受到污辱，所以，古人守身如玉，行事非常小心，唯恐做错事，会让自己终身抱憾！

◎ 直播课堂

　　人有两耳两眼两鼻孔，唯有一张嘴，就是要人多听多看多分辨，而少开口。然而，以现代社会的人际关系来说，适时而得体地表达自己相当重要。不是逢人便大放厥词，亦非信口胡言，要知道言多必失。当然，话的重要性也因人而异：君王的失言可以毁掉国家。我们凡夫俗子说错话，也不能小看，战争时，一句泄露机密的话足以导致全军覆没。所以，古人守口如瓶，无谓的言语还是少说为妙，就像歌声婉转的鸟不会一天到晚地唱，只有乌鸦终日聒噪，惹人讨厌。

处横逆而不校，守贫穷而坐弦

◎ 我是主持人

圣人处世，的确有常人难及之处。别人平白无故地找麻烦，平常人一定十分恼怒，若是气量狭小些的更会以牙还牙。但是，孔子的弟子颜渊却能不予计较，一笑置之。而孟子更伟大，他认为别人冒犯自己，也许是自己什么地方做错了，因而自我反省一番；确定自己没有差错，才敢放心。这样一来，所有的怒骂都成了修身的阶梯。我们要学会圣人处世的态度，将逆境视为修身的好机会，使我们的气量更广大，胸怀更开阔。

◎ 原文

颜子之不校，孟子之自反，是贤人处横逆之方；子贡之无谄，原思之坐弦，是贤人守贫穷之法。

◎ 注释

不校：不计较。自反：自我反省。原思：孔门弟子原宪，字子思，清静守节，安贫乐道。坐弦：坐在地上弹琴取乐。

◎ 译文

遇到有人冒犯时，颜渊不与人计较，孟子则自我反省，这是君子在遇人蛮横不讲理时的自处之道。在贫贱时，子贡不去阿谀富者，子思则依然弹琴自娱，完全不把贫困放在心上，这是君子在贫穷中仍能自守的方法。

◎ 直播课堂

贫穷本来就很难耐，有的人耐不住，便干起违法的勾当，甚至抛弃人格，阉然媚世；子贡却要求自己"贫而无谄"，这便是能"守"。而子思更是难得，身在贫穷，却还能怡然自得、弹琴自娱，这就是能"乐"了。一般人总是放不下，俗语说："看得破，忍不过；想得到，做不来。"果真能放得下，那么天地浮云，无处不自在。

白云山岳皆文章，黄花松柏乃吾师

◎ 我是主持人

"万物静观皆自得，四时佳兴与人同"，天地万物无不蕴含至理。古人格物可以致知，我们虽不致如此，然而日常生活中多留心，便可发现"好鸟枝头亦朋友，落花水面皆文章"，天地间无处不在的盎然生趣与道理。

◎ 原文

观朱霞，悟其明丽；观白云，悟其卷舒；观山岳，悟其灵奇；观河海，悟其浩瀚，则俯仰间皆文章也。对绿竹得其虚心；对黄华得其晚节；对松柏得其本性；对芝兰得其幽芳，则游览处皆师友也。

◎ 注释

朱霞：红色的霞彩。浩瀚：水势广大的样子。黄华：菊花。晚节：菊经霜犹茂，以喻人之晚年节操清亮。

◎ 译文

观赏红霞时，领悟到它明亮而又灿烂的生命；观赏白云时，欣赏它卷舒自如的曼妙姿态；观赏山岳时，体认到空灵高拔的气概；观看大海时，领悟到它的广大无际。因此，只要用心体会，天地之间无处不是好文章。面对绿竹时，能学习到待人应虚心有礼；面对菊花时，能学习到处乱世应有高风亮节；面对松柏时，能学习到处逆境应有坚韧不拔的精神；而在面对芷兰香草时，能学习到人的品格应芬芳幽远，那么在游玩与观赏之中，没有一个地方不值得我们学习，处处皆是良师益友。

◎ 直播课堂

此篇主要告诉我们应"用心看"，天地之间的一草一木，白云山岳，都值得我们效法。明丽的彩霞启示我们，每一个人都应该尽力展现自己最美好的灿烂生命。舒卷的白云提醒我们，生命也有舒展卷藏的时候，应当有为有守。而灵奇的山岳与浩瀚的河海，均足以拓展我们的心胸，使我们迈向更广阔的人生境界，不必在一些微不足道的小事上拘泥打转。绿竹的中空，代表着虚心；菊花能在岁末盛开，正像人在晚年而节操弥坚；松柏于岁寒不凋，如同人的意志坚韧不拔；而古人以芷兰香草比喻君子，象征着人品的高洁。这些都足以启发我们的心性。

行善人乐我亦乐，奸谋使坏徒自坏

◎ 我是主持人

行善之事易，谋恶之事难；因为行善在己，谋恶却必须靠客观环境的配合。施善于人，每个人都乐于接受；算计别人，别人当然要防范了。所以说善事易为，恶事难成。更何况为善最乐，见到自己帮助的人能够安乐地过日子，这种喜悦也能带给自己莫大的安慰，因此为善对己对人，皆有益处。

◎ 原文

行善济人，人遂得以安全，即在我亦为快意；逞奸谋事，事难必其稳重，可惜他徒自坏心。

◎ 注释

快意：心中十分愉快。

◎ 译文

　　做好事帮助他人，他人因此而得到安逸保全，自己也会感到十分愉快。使用奸计，费尽心力去图谋，事情也未必就能稳当便利，只可惜他奸计不成，徒然拥有坏心肠。

◎ 直播课堂

　　整日想着那些害人的点子，为达目的不择手段，不但难以如愿，即使成功，他人心怀怨恨一定也会报复，真是害人害己，何苦来哉！

以人为镜吉凶可鉴

◎ 我是主持人

　　唐太宗曾言："以古为鉴，可以知兴替；以铜为鉴，可以整衣冠；以人为鉴，可以知得失。"古人若没有铜镜，往往临水自照，其作用与铜镜一般，不过这只能照人的表面而已。如果以人为镜，就不只如此了。所谓以人为镜，就是拿他人行为的得失来作为自己的借鉴；以别人行事的经验来考量自己的成败。譬如说，他人因骄傲而失败时，如果反省自己有这种行为，就知道自己也可能会因此而失败，便能警惕自己，不可犯同样的错误。见到他人有佳言懿行，同样能效法他，因而能提高自己。我们不是也常说，朋友就是一面镜子吗？所以，善于观察人的人常可论断吉凶，并非他真有什么奇术，而是他根据众人行为的结果，掌握了人事的变化。因此，我们若能以他人的行为经验作为自己的借鉴，自然便懂得趋吉避凶之道了。

◎ 原文

　　不镜于水，而镜于人，则吉凶可鉴也；不蹶于山，而蹶于垤，则细微宜防也。

◎ 注释

　　镜于水：以水为镜。鉴：明察。蹶：跌倒。垤：小土堆。

◎ 译文

　　如果不以水为镜，而以人为镜来反照自己，那么许多事情的吉凶祸福便可以明白了。在高山上不易跌倒，在小土堆上却易跌倒，由此可知，愈是细微小事，愈要谨慎小心。

◎ 直播课堂

　　我们爬山时，知道山势险峻，就会格外小心；而走在平地上，没有了那种戒心，往往会被路旁的小土堆绊倒。这虽是人之常情，却应时提醒自己：人总在疏忽之处失败。所谓"善泳者必溺于水"，并不是泳技退步了，而是因为自恃艺高胆大，忽略了许多预防措施的缘故。对很多事情，我们都要抱着"防微杜渐"的态度，愈是不引人注意的地方，愈要加以提防，才不会造成更大的损失。我们也常常发现，困难的事能够达成，而看起来很简单的事却容易失败，这完全在于用心与否。因为对前者我们将全力以赴，自然能成功；对后者却掉以轻心，结果就失败了。

知足者，得其乐

◎ 我是主持人

　　人的一生，只要够吃够穿，便已是一个安乐的境界，不一定非要有锦衣玉食。因为在追求物质享受的过程中，人们往往将知足的心遗失了，不见得比以前快乐。不如善用生命，拓展自己的精神领域，如此一来，物质上虽为小康，精神上却是大富了。

◎ 原文

　　凡事谨守规模，必不大错；一生但足衣食，便称小康。

◎ 注释

规模：原有的法度；一定的规则与模式。

◎ 译文

凡事只要谨慎地守着一定的规则与模式，总不至于出什么大的差错。一辈子只要衣食无忧，家境便可算是自给自足了。

◎ 直播课堂

这里讲的是一种守成之道，自足之道。任何已经创办的事业，必然有其一定的法则可遵循，但是时日一旦久长，或传与后代，后人多不明白先人建立这些制度的苦心。有的人更是自作聪明，大事更张，总不明白凡事有其相互依存的道理，若换头不换脚，刮眉不刮须，终会变成四不像而导致失败。由此可知，光是守成已经不容易了，若没有足以开创新境界的智慧，倒不如依照原有的法度去实施，至少不会出错。

为人耐烦，学会吃亏

◎ 我是主持人

任何事总有它困难和麻烦的地方，不可能完全让我们顺心遂意，要能克服现有的困难和麻烦，方能成功。不然怎么能说是"吃得苦中苦，方为人上人"呢？而"吃苦"首先就要有一个"耐烦的心"，如果稍遇挫折便放弃，永远也成不了气候。与人相处亦是如此，若无耐心，许多合作便无法达成。同样的，领导绝不会把重要的工作交给"不耐烦"的人。如此一来，"不耐烦"竟然成了一个人不能成功、不能共事、不能担当重任的原因，这还不算是大毛病吗？

◎ 原文

十分不耐烦，乃为人大病；一味学吃亏，是处事良方。

◎ 注释

不耐烦：不能忍耐烦琐之事。

◎ 译文

对人对事不能忍受麻烦，是一个人最大的缺点。对任何事情都能抱着宁可吃亏的态度，便是处理事情最好的方法。

◎ 直播课堂

做人要常抱吃亏的态度，这并不是教我们姑息养奸，因为做许多事情，大家未必能得到利益，也许有人比自己更需要这些好处，自己吃亏成全别人，不是也挺值得的吗？有些人喜欢占小便宜，说起来他也不是大奸巨恶之徒，如果和他争论，事情可能反而办不好，倒不如顾全大局，个人的一些小利害也就不要太计较了。古人常说，吃亏就是占便宜。事实上，我们要争的不是个人，而是团体；要争的是义理，而非利害。有谁因为争一时的利害，而能得到千秋万世之名呢？

读书自有乐，为善不邀名

◎ 我是主持人

在我国古代科举时代，读书人"十年寒窗无人问，一朝成名天下知"，这是把读书当做求取功名的阶梯，但能一举成名的毕竟不多，一辈子"怀才不遇"的比比皆是。其实，做任何事，如果将它视为达到目的的手段，做起来多半很苦，因为它为了目的而逼迫自己，甚至为了达到目的，会不择手段。现在许多为升学而读书的莘莘学子，就是如此。读书对他们来说，不是乐趣，而是压力和痛苦。有人一挤进大学的窄门，那些教科书也就称斤论两地卖了。要由读书得到快乐，不妨将读书当作一件快乐的事，从中找到真正的乐趣。就算读一辈子书，还是以读书为乐，因为那是一种享受。

◎ 原文

　　习读书之业，便当知读书之乐；存为善之心，不必邀为善之名。

◎ 注释

　　邀：求得。

◎ 译文

　　把读书当作是终生事业的人，就该懂得由读书中得到乐趣。抱着做善事之心的人，不必要求得善人的名声。

◎ 直播课堂

　　像古代的秀才、现在的研究生、学者，如果无法由书中得到乐趣的话，岂不是要苦一辈子了？那还不如早早改业。

　　社会上对"为善不欲人知"的人特别嘉许，总有那么多的"无名氏"默默地奉献他们的爱心温暖了我们的世界。那份基于同情的心思，令人感动。他们并不想被推举为好人好事的代表，只是把心中那股"有感而发"的善念，扩充为善行。如果他们只图取名声，这种善行也不会长久的。行善的人若真的想图求一些声名，那他心中可贵的善念，早已变成庸俗的名利心了。真正了解"为善最乐"的人，心中挂念的并不是名利，而是为助人而助人，否则行善反而成了牵绊烦累的事了。

学问与道德更上一层楼

◎ 我是主持人

　　人贵在知道自己的过失，而在发觉自己的过失当中必然有所觉悟，有所进步。只有记取失败教训的人，才能再向前迈步。这里的"学"并不专指书本里的"学问"，更可看成人生的学问。回顾过去，是为了让自己更能充实现在，策励未来，而不是因此自怨自艾，停止了前进的脚步。人最怕的是故步自封，如果永远画地自限，怎么可能会进步？学问常是在一种

"觉今是而昨非"的心情下更上一层楼。如果有这种感觉，能清楚地看见自己的过错，就表示自己也在进步了。

◎ **原文**

知往日所往之非，则学日进矣；见世人可取者多，则德日进矣。

◎ **注释**

非：不是之处。取：取法。

◎ **译文**

知道自己过去有做得不对的地方，那么学问就能日渐充实。看到他人可学习的地方很多，自己的道德也必定能逐日增进。

◎ **直播课堂**

"见世人可取者多"，这是要有条件的。如果一个人总认为自己是最好的，如何能发现别人的可取之处呢？想从别人身上发现值得学习的优点，首先便要具备谦虚的美德，其次要有容人的雅量，同时也要有敏锐的观察力。若无容人的雅量，看到别人的美德，嫉妒毁谤都来不及了，哪里会向人学习？若无敏锐的观察力，再好的行为也看不见，又如何能学习呢？能见到他人可取的地方愈来愈多，表示自己更谦虚了，心胸更开阔了，再加上吸收他人所长，德业怎会不增进呢？

敬人者人恒敬之，靠他人莫若靠己

◎ **我是主持人**

所谓"敬人者人恒敬之"，你若对他人不尊重，他人自然不会尊重你。尊重他人并不是要阿谀奉承，而是要以礼相待。没见过你待他客客气气，他却反咬你一口的人，除非你事先得罪了他，或是你们彼此有误会，那自然是例外。反之，如果你老爱议论人是非，攻讦他人隐私，对方一定也会还以颜色。因为你不尊重人，同时也失去了自重，谁还会尊重你呢？

◎ 原文

敬他人，即是敬自己；靠自己，胜于靠他人。

◎ 注释

敬：尊重。

◎ 译文

敬重他人，便是敬重自己；依赖他人，倒不如靠自己去努力。

◎ 直播课堂

靠他人不如靠自己，因为靠他人做事，就要仰人鼻息。既然是你的事情，别人没义务好好帮你做事，就算他不做，你也没有办法；如果做了，你还欠他一份人情。由此可见，靠他人做事，无论是不是至亲好友，总不太好；弄得不好，还要伤感情。许多事，除非是万不得已，能自己做的，还是尽量靠自己，一方面是克服困难，增长能力，另一方面也免于亏欠人情。有句俗语说得很好："靠山山会倒，靠人人会跑，靠自己最好。"可不是吗？

学长者待人之道，识君子修己之功

◎ 我是主持人

作为长辈，应该有足以令人仰望的风范。后辈在长者面前，方能屈意承教。因此，在看到他人有善行的时候，应该多方面去赞美他，一方面乐于见人为善，另一方面借此教导后辈，也能力行善事。

◎ 原文

见人善行，多方赞成；见人过举，多方提醒，此长者待人之道也。闻人誉言，加意奋勉；闻人谤语，加意警惕，此君子修己之功也。

◎ 注释

过举：错误的行为。谤语：毁谤的言语。

◎ 译文

见到他人有良善的行为，多多地去赞扬他；见到他人有过失的行为，也能多多地去提醒他，这是年纪大的人待人处世的道理。听到他人对自己有赞美的言语，就更加勤奋勉励；听到他人毁谤自己的话，要更加留意自己的言行，这是有道德的人修养自己的功夫。

◎ 直播课堂

见到他人有不好的行为，要多方面去提醒他、规劝他，一方面是助人改过，一方面也可以警诫后辈，不要重蹈覆辙。因此，为人长者并不容易，不但要智慧与年龄俱进，更要负起教育后辈的责任。否则马齿徒增，岂不愧杀自己？而为老不尊，恐怕也会被人讥为"老而不死，是为贼"，又有什么资格为人长者呢？

君子听到他人称赞自己时，不但不敢沾沾自喜，反而更加勤勉，唯恐名不副实，所以更谨慎小心，不敢因此而得意忘形。至于听到他人毁谤自己的言语，便赶快自我反省一番，看自己是否真有什么地方做错，或是得罪了人，若是没有，才敢放心。一方面是怕自己有过失而不知道，另一方面怕对方是喜欢诬陷的小人。自己若一时疏忽真有过失，那么以后小人再诬陷自己时，别人就更相信了。所以，君子在遭受毁谤的时候，一定更加戒惧，避免犯错，一来是为自己，二来也是为别人。至于一般人，早就暴跳如雷地找对方理论了，不管谁是谁非，总要对方道歉才能了事。

奢侈悭吝俱可败家，庸愚精明都能覆事

◎ 我是主持人

奢侈足以败家，这个道理很容易明白，但为什么有人吝啬也会败家呢？这倒需要加以说明一番。我们翻开报纸，可看到一些杀人凶案，只要

是因钱财杀人的，若非谋财害命，就是在钱财上分配不均，使得别人萌生杀念。推究这些原因，无非是一个悭吝的心在作祟罢了。

◎ 原文

　　奢侈足以败家；悭吝亦足以败家。奢侈之败家，犹出常情；而悭吝之败家，必遭奇祸。庸愚足以覆事；精明亦足以覆事。庸愚之覆事，犹为小咎；而精明之覆事，必见大凶。

◎ 注释

　　悭吝：吝啬。覆事：败坏事情。

◎ 译文

　　浪费足以使家道颓败，吝啬也一样会使家道颓败。浪费而败家，有常理可循，往往可以预料；而吝啬的败家，却常常是遭受了意想不到的灾祸。愚笨足以使事情失败，而太过精明能干亦足以使事情失败。愚笨的人坏事，只是个小过失；精明的人坏事，事情就很严重了。

◎ 直播课堂

　　他人费了心血，而你因为吝啬却不给予相对的报偿，他人自然要忌恨在心，一天两天还可忍受，时间一长总有一天会爆发出来，到时就不可收拾了。何况，人心不古，见财起贪念的大有人在，尤其是富而不仁的人，更容易惹人眼红，至于会发生什么意外，就很难说了。

　　愚笨的人坏不了什么大事，因为大家都知道他愚笨，就不会交给他什么重要的事。而精明的人便不同了，由于他平素精明干练，人人都肯托付重责，若是他一时失察，所坏的事必为大事。譬如小兵，负的责任少，即使坏事，影响的层面也很小；而大将率领三军，一念之差，就可能导致全军覆没，这岂不是"大凶"？因此，精明的人处事，尤其要小心翼翼，不可有丝毫疏忽。太过聪明的人往往锋芒毕露，容易遭人陷害，杨修被曹操所杀就是因过于精明而招致杀身之祸的例子。这又何尝不是"大凶"呢？

安分守成，不入下流

◎ **我是主持人**

读书人讲的是"明是非""辨义理"。而衙门讼师则是以犀利的言辞和巧辩的口舌，为人争取胜诉，因"拿人钱财，替人消灾"，所以并不分辨是非黑白，只是卖弄口舌，图取利益；这有违圣贤之教，所以，作者认为这不是读书人该做的事，读书人应当知道如何持守自己的节操，去感化众人，进而使民无争才对。怎么可以把他人的争执，当做是"生财之道"呢？

◎ **原文**

种田人，改习尘市生涯，定为败路；读书人，干与衙门词讼，便入下流。

◎ **注释**

尘市：本意为城镇，此处泛指市场上的商业行为。干与：参与。衙门词讼：替人打官司。下流：品格低下。

◎ **译文**

种田的人，改学做生意，一定会失败；读书人，若是成了专门替人打官司的人，品格便日趋下流。

◎ **直播课堂**

在过去的农业社会，只要家里有一亩田，总还可以衣食无缺，不同于商场的钻营，得失差别甚大。一个种田人，一不明商场利害，二不解人情世故，三没有社会关系，若不专心务农，而与人在商场上争名逐利，常是失败的居多，搞不好还要变卖祖产。何况商场的事情，起伏不定，也许今天身无长物，明朝却摇身一变而为暴发户，也有人投资做生意，以致血本无归，这不是质朴的种田人所能明了的，不能"知己知彼"，怎么可能在商场上立足呢？不如守着一亩方田，春耕、夏耘、秋收、冬藏，淡泊名利，如此反而能平安无事。何必以"世代不竭之食"，换取"商家一日之富"呢？

物质享受要知足，德业追求无止境

◎ 我是主持人

在道德学问上，应该抱着"不知足"的态度。品德学问，完全操之在我，不同于命运；也不像财富只能满足一时的欲望，它能给我们带来心灵喜悦，能拓展我们生命的境界，同时，也代表着我们的人格和知识。对学问道德"不知足"，才能鞭策自己追求更高的领域。如此一来，我们的生活会更丰富、更有意义。

◎ 原文

常思某人境界不及我，某人命运不及我，则可以知足矣；常思某人德业胜于我，某人学问胜于我，则可以自惭矣。

◎ 注释

境界：环境，状况。

◎ 译文

常想到有些人的环境还不如自己，有些人的命运也比自己差，就应该知足。常想到某人的品德比我高尚，某人的学问也比我渊博，便应该感到惭愧。

◎ 直播课堂

人生有许多事情应当知足，又有许多事情不该知足。过度追求物质，十分累人，欲望的深渊，也永远无法填满，如果一定要满足欲望才能快乐，那么可能要劳苦一生了。"比上不足，比下有余"，想想那些环境比自己差的人，一样在努力地生活着，而且比自己还认真、愉快。自己拥有的比他还多，应当更知足才是，何苦置身于物欲的洪流中呢？我们经常劝人"知足常乐"，而自己就不能这么想吗？珍惜自己所拥有的，才是快乐的源泉。

第三章
富贵廉洁,有德若虚

清正廉洁盛行之日,则国家昌盛;贪污腐败猖獗之时,则国势衰微。历来清官受人颂扬,污吏遭人唾骂。我们要大力弘扬中华民族固有的清正廉洁的传统美德,提倡廉洁自律、秉公办事、不徇私情、不谋私利、清白做人的精神。

富贵不能淫，贫贱不能移，威武不能屈

◎ **我是主持人**

公子荆善于治理家产，最初并没有什么财富，但他却说："尚称够用"，稍有财富时就说："可称完备了"，到了富有时，他说："可称完美无缺了"。在这段由贫至富的过程中，他不断地致力生产，并抱着知足的态度，所以，贫能安贫，富能安富，始终保持心境上的裕如。

◎ **原文**

读《论语》公子荆一章，富者可以为法；读《论语》齐景公一章，贫者可以自兴。舍不得钱，不能为义士；舍不得命，不能为忠臣。

◎ **注释**

公子荆：《论语·子路篇》："子谓卫公子荆善居室，始有，曰：'苟合矣！'少有，曰：'苟完矣！'富有，曰：'敬美矣！'"孔子赞美卫公子荆不但知足，而且善于治理家产。齐景公：《论语·季氏篇》："齐景公有马千匹，死之日，民无德而称焉，伯夷叔齐饿于首阳之下，民到于今称之。"自兴：自我奋勉。

◎ **译文**

读《论语·子路篇》公子荆那章，可以让富有的人效法；读《论语·季氏篇》有关齐景公那一章，贫穷的人可以为之而奋发。如果舍不得金钱，就不可能成为义士；舍不得性命，就不可能成为忠臣。

◎ **直播课堂**

齐景公养马千匹，死了以后并没有值得百姓称赞的美德；伯夷叔齐不肯食用周粟，最后饿死在首阳山，而人民却争相称道。可见，一个人"富有"或"贫穷"，不在财富，而在道德。其实，读公子荆一章，富者可以

取法，贫者也可以取法。阅齐景公一章，贫者可以奋勉，富者也可以自惕。假如伯夷叔齐爱财，接受周赐予的厚禄，终究不能成为义士。如果伯夷叔齐惜命，也一定不肯饿死在首阳山上了。古时的忠臣义士，正是孟子口中"富贵不能淫，贫贱不能移，威武不能屈"的大丈夫！

富贵必要谦恭，衣禄务需俭致

◎ 我是主持人

一个人一生的福禄，往往有定数，就算没有定数，再富有的人也经不起长久的奢华浪费。正因为家财万贯，更该想到世上有许多一贫如洗的人等待别人的救援，而能解衣衣人；同时提醒自己富贵一长久，就会"由俭入奢易，由奢入俭难"，训示后代子孙以俭约持家，才能永享福禄。

◎ 原文

富贵易生祸端，必忠厚谦恭，才无大患；衣禄原有定数，必节俭简省，乃可久延。

◎ 注释

大患：大祸害。衣禄：指一个人的福禄。久延：长久之意。

◎ 译文

财富与显贵，都容易招来祸害，一定要诚实宽厚地待人，谦虚恭敬地自处，才不会发生灾祸。个人一生的福禄都有定数，一定要节用俭省，才能使福禄更长久。

◎ 直播课堂

所谓"美服患人指，高明逼神恶"，即是指财富易遭人嫉妒，使人起贪心，若为富不仁，或是仗势欺人，将他人的嫉妒和贪心助长为忌恨心及谋夺心，后果将很严重。地位显贵又喜欢到处示威的人，对上司无形中也造成了威胁，而使上司想除去他。如果能富而仁厚，贵而谦虚，就会获得大家的敬重，长保富贵而无大患。

善有善报，恶有恶报

◎ 我是主持人

善恶的报应，往往不待来世。善有善报，本乎人情，恶有恶报，因其不能见容于社会国法。我们称天堂为美境，地狱为苦境；为善的人心神怡悦，受人爱戴，内心一片祥和，何异于天堂境界？作恶的人心神不宁，身在人间，心在饿鬼修罗，众人唯恐避之不及，不必等法理人情诛伐他，早已自入地狱了。因此，天堂和地狱实际上完全系于人心的善恶之念，正如佛家所说"一念善即天堂，一念恶即地狱"。

◎ 原文

作善降祥，不善降殃，可见尘世之间，已分天堂地狱；人同此心，心同此理，可知庸愚之辈，不隔圣域贤关。

◎ 注释

降祥：降下吉祥。降殃：降下灾祸。

◎ 译文

做好事得到好报，做恶事得到恶报，由此可见，不必等到来世，在人间便能见到天堂与地狱的分别了。人的心是相同的，心中具有的理性也是相通的，由此可知，愚笨平庸的人并不被拒绝在圣贤的境地之外。

◎ 直播课堂

人都有向善的心，圣愚原无分别，只要有心为圣贤，便可以成圣人贤者。而平庸的人若自认愚笨，不求突破，终其一生也是庸愚之辈。例如，近代的武训，没有受过什么教育，以行乞为生，却能努力兴学，成为人人尊崇的圣贤之人。如果能明白这一点，我们就更不能自暴自弃了，因为自己只要奋发有为，一样能做到像尧、舜那样的圣贤人物。因此，孟子说："舜何人也？予何人也？有为者亦若是"，正是勉励我们抛除自弃的心理，向圣人看齐。

心平气和处世，勿设计机巧害人

◎ **我是主持人**

真正的聪明人不以机巧为上，因为他明白诚实和正直才是最可贵的品格，脚踏实地才是最稳当的处事方法。机巧只是显示一个人的小聪明罢了，并非大智。何况无论怎么算计，怎么富于心机，又能算计别人多少？毕竟"人算不如天算"。不如正直居心，不管走到哪里，都是一条平坦大道！

◎ **原文**

和平处事，勿矫俗为高；正直居心，勿设机以为智。

◎ **注释**

矫俗：故意违背习俗。

◎ **译文**

为人处世要心平气和，不要故意违背习俗，自命清高；平日存心要公正刚直，不要设计机巧，自认为聪明。

◎ **直播课堂**

我们要懂得随顺人情，所谓"入境随俗"，就是告诉我们要随和处世。做任何事总要合乎常理，才不会令人侧目。违背风俗以求取名声的人，无非是一些肤浅之徒，不但不清高，反而愚蠢得很，他们只是想引人注目而已，不可能移风易俗。因为风俗虽因时因地而有不同，但是可以为多数人遵从的风俗必定是当地人所认可的，不会因一二人的怪异行为而改变。因此，本节告诫我们不要矫俗干名。

要救世，勿避世

◎ **我是主持人**

孔子叫子路问路，遇到长沮、桀溺两个隐士。他们在乱世里独善其身，认为孔子之道不可行，不如避世自求多福。事实上，圣人与隐士不同之处便在于此，圣人有悯世之心，不忍生灵涂炭，人心隐匿，并非他不能隐世，而是他不忍隐世，所以劳心疾忧，奔走于世。

◎ **原文**

君子以名教为乐，岂如嵇阮之逾闲；圣人以悲悯为心，不取沮溺之忘世。

◎ **注释**

名教：指人伦之教、圣人之教；亦为儒教之别名。嵇阮：嵇指嵇康，阮指阮籍，皆为"竹林七贤"之一。逾闲：指逾越轨范，失于检点。沮溺：沮指长沮，溺指桀溺，为春秋时避世的隐士。

◎ **译文**

读书人应该以钻研圣人之教为乐事，怎能像嵇康、阮籍等人逾越轨范、恣意放荡？圣人抱着悲天悯人的胸怀，关心民生的疾苦，并不效法长沮、桀溺的避世独居，不理世事。

◎ **直播课堂**

嵇康、阮籍皆为"竹林七贤"之一。嵇康放浪形骸，常有抨击儒家的言论；而阮籍不拘礼俗，饮酒纵车，途穷而哭。两人皆不循世俗规范，除了关乎性情，与时代背景也极有关系。但是后代读书人多仿东晋名士，故作风流，一则没有当时的时代背景，二则没有他们的性情才气，在太平盛世仿效"竹林七贤"的放任行为，无非是自乱礼法、东施效颦而已。

勤俭安家久，孝悌家和谐

◎ 我是主持人

长辈要想子孙好，就要培养子孙勤奋的习性，要教导他们吃苦耐劳，而不应纵容他们好逸恶劳，否则子孙必定流连于声色犬马的场所。而酒能乱性，色能伤身，一旦陷溺，如何能不因酒色而做出败坏门风的事情？可见得长辈的教育态度十分重要。

◎ 原文

纵容子孙偷安，其后必至耽酒色而败门庭；专教子孙谋利，其后必至争赀财而伤骨肉。

◎ 注释

偷安：不管将来，只求目前的安逸。败门庭：败坏家风。赀财：财产。骨肉：比喻至亲。

◎ 译文

放纵子孙只图取眼前的逸乐，子孙以后一定会沉迷于酒色，败坏门风。专门教子孙谋求利益的人，子孙必定会因争夺财产而彼此伤害。

◎ 直播课堂

长辈如果专教子孙谋利，而不教他们孝悌忠信之道，子孙势必沦为"喻于利"的小人。在他们眼里，个人的利益比人伦亲情还重要，因此，逢到分财产、争利害的场面，必定骨肉相伤、败坏人伦。倘若能教子孙孝悌之道，家中必是充满着父慈子孝、兄友弟恭的和谐气氛，兄弟更能相互合作扶持，拓展家业。这与"兄弟阋墙"的情形相比，真有天渊之别。

忠厚足以兴业，勤俭足以兴家

◎ 我是主持人

　　祖宗的家法多半是前人经验的累积，不可轻易毁弃。忠厚勤俭是我们祖先用来教训后代的美德，以目前来看，仍然是教导子弟的好德目。忠厚足以兴业，勤俭足以兴家。能忠厚勤俭的人一定能兴业积富，家道自然可历久而不衰了。

◎ 原文

　　谨家父兄教条，沉实谦恭，便是醇潜子弟；不改祖宗成法，忠厚勤俭，定为修久人家。

◎ 注释

　　沉实：稳重笃实。醇潜：性情敦厚不浅薄。祖宗成法：祖宗所遗留下来的教训及做事的方法。

◎ 译文

　　谨慎地遵守父兄的教诲，待人笃实谦虚，就是一个敦厚的好子弟。不擅自删改祖宗留下来的教训和做人做事的方法，能厚道俭朴地持家，家道必能历久不衰。

◎ 直播课堂

　　自古以来，有心的父兄多教导子弟诚实稳重，待人谦恭。为人子弟的，若能谨遵父兄的教诲，一来能孝悌忠信，二来能醇厚稳重，这便是父兄的好子弟。长辈的阅历经验总是比自己丰富，不听他们的劝告，盲目乱闯经常会失之莽撞，怎能成为醇潜受教的好子弟？

知莲朝开而暮合，悟草春荣而冬枯

◎ **我是主持人**

天地之间的至理，经常是蕴含在万物的生机里面。看到莲花的朝开暮合，最后到不能合起而凋落时，就要明白富贵而挥霍无度、不知谨守，最后只有衰败一途。富贵而能守成，才是真正的富贵之道。

◎ **原文**

莲朝开而暮合，至不能合，则将落矣，富贵而无收敛意者，尚其鉴之。草春荣而冬枯，至于极枯，则又生矣，困穷而有振兴志者，亦如是也。

◎ **注释**

尚其鉴之：最好能够看到这一点。

◎ **译文**

莲花早晨开放，到夜晚便合起来，到了不能再合起来时，就是要凋落的时候了，富贵而不知收敛的人，最好能够看到这一点而知道收敛。春天时，草木长得很茂盛，至冬天就干枯了，等枯萎到极处时，又到了草木再度发芽的春天了，身处穷困的境地而想奋起的人，应当以这一点自我勉励。

◎ **直播课堂**

草木春天发芽，冬天枯萎，这种枯尽而复生，正是"否极泰来""剥极而复"的道理。我们常说："斩草不除根，春风吹又生。"一株小草，只要它的"根"仍在，便有源源不绝的生机。人何尝不是如此？即使处于极度穷困的境遇，只要心存振兴的志向，不自暴自弃，总有重见天日的时候。只是我们都太容易丧志了，稍不如意便觉得生活毫无意义，甚至妄自菲薄。想活得生意盎然，就让我们的心充满"生机"吧！

自伐自矜必自伤，求仁求义求自身

◎ **我是主持人**

　　仁字的旁边是一个"人"字，义字的下面是一个"我"字，可知仁义不必远求。因为"仁"者施于人，"义"者在于我。想要行"仁"，不如先从自己的亲友邻里做起。想要行"义"，只要从自身做起。独处时，能心中存着义，不做非法勾当；与他人相处时，重然诺、守公义、讲义气，都是行义。仁义并不在口头，而在日常生活上能身体力行。

◎ **原文**

　　伐字从戈，矜字从矛，自伐自矜者，可为大戒；仁字从人，义（義）字从我，讲人讲义者，不必远求。

◎ **注释**

　　自伐自矜：伐与矜都是自我夸耀的意思。

◎ **译文**

　　伐字的右边是"戈"，矜字的左边是"矛"，戈、矛都是兵器，有杀伤之意；从这两个字，自夸自大的人可以得到极大的警惕。仁字的旁边是"人"，义（義）字的下面是"我"，可见要讲仁义并不在远处，只要有人有我的地方，就可以实行。

◎ **直播课堂**

　　伐和矜都是自我夸耀的意思，由字的本身看来，便知道伐和矜有自我杀伤的含义。而由事实看来，又何尝不是如此呢？自夸自大的人，必定惹得人人厌恶。不要说没有长处，就算有一些长处，也未必能令人心服。因为人在自夸的时候，难免会贬抑他人，有谁愿意受他毁谤？不是远离他，就是内心鄙视他，或是还以颜色，这岂不是一种伤害？岂不是以戈自伐，以矛自刺吗？欢喜自我夸耀的人实在应该三思啊！

贫寒也须苦读书，富贵不可忘稼穑

◎ 我是主持人

富贵本非偶然，一定是从贫穷中一点一滴努力挣来的。能够记住耕种的艰辛，一方面是不忘本而更加珍惜现在，另一方面也是提醒自己当初创业的艰辛，不要在发达后挥霍殆尽。以此教育子孙，家业才能长久。否则人一旦富贵，就忘了当初粗茶淡饭的俭朴日子，富贵就未必是一种福气了。

◎ 原文

家纵贫寒，也须留读书种子；人虽富贵，不可忘稼穑艰辛。

◎ 注释

稼穑艰辛：种田及收成的辛劳。

◎ 译文

纵使家境贫穷困乏，也要让子孙读书；虽然是个富贵人家，也不可忘记耕种收获的辛劳。

◎ 直播课堂

家境再穷，也要让子孙读书，因为"不读书，不知义"，但也不是为了要子孙取功名富贵来改善现况。古时囊萤映雪、凿壁偷光，再穷还是能读书。人最初是白纸一张，全靠读书知道做人的道理。若是不读书，本性良善又不受环境影响的人当然很好，可是生性浮躁，容易受影响的人，就可能误入歧途而不自知。读书的目的在于改变气质，本性不良的使其良善，本性已佳的使其成才。因此，即使家里再贫寒，也要让子弟读书。

勤俭孕育廉洁，艰辛炼铸伟人

◎ **我是主持人**

人若过惯俭约的生活，就不会贪慕物质享受，自然不容易再为物质而改变心志，所以说俭可以养廉。其实，华服美食的生活总不如竹篱茅舍的生活来得清闲自在，后者更接近自然。人心在纷争扰攘中容易被五光十色所迷，无法酝酿出深刻的智慧。只有在心情宁静时，一方心湖澄澈清明，能照见天光云影与万物的生机，这时即使是听一声鸟鸣，或是观赏一朵花的凋落，都能体会到生命的至理。所谓"淡泊以明志，宁静以致远"，确实有道理。

◎ **原文**

俭可养廉，觉茅舍竹篱，自饶清趣；静能生悟，即鸟啼花落，都是化机。一生快活皆庸福，万种艰辛出伟人。

◎ **注释**

清趣：清新的乐趣。化机：造化的生机。庸福：平凡人的福分。

◎ **译文**

勤俭可以修养一个人廉洁的品性，就算住在竹篱围绕的茅屋，也有它清新的趣味。在寂静中，容易领悟到天地之间道理，即使鸟儿鸣啼，花开花落，也都是造化的生机。能一辈子快乐无愁地过日子，这只不过是平凡人的福分；经历万种艰难困苦，才能成就一个伟人。

◎ **直播课堂**

一辈子快乐无忧地过日子，几乎是我们平常人的心愿，实际上想得到这种"庸福"，也实在不容易，这份小小的心愿，也真称得上是"小人物狂想曲"了。既然如此，想成就一个伟人岂不是更难了？就是因为难，才愈见其伟大。伟人的一生，大多历经千辛万苦和各种磨难，这不是一般人承受得了的。

存心方便无财也能济世，
虑事精详愚者也成能人

◎ 我是主持人

　　一个人天资虽不聪颖，但凡事只要仔细地考虑清楚，计划周详，谨慎地去做，必然也会成为一个能干的人。所谓"愚者千虑，必有一得；智者千虑，必有一失"。天生聪明的人，因为自恃聪明，便草率行事，事情就不能做得圆满了。天生愚鲁的人，由于知道自己天资不够好，凡事三思以后才肯着手，反而能使他们稳当地做事，不出差错。

◎ 原文

　　济世虽乏赀财，而存心方便，即称长者；生资虽少智慧，而虑事精详，即是能人。

◎ 注释

　　赀财：财货。存心方便：处处便利他人。

◎ 译文

　　虽然没有金钱财货帮助世人，但只要处处给人方便，便是一位有德的长者。虽然天生的资质不够聪明，但考虑事情却能处处清楚详细，就是一个能干的人。

◎ 直播课堂

　　济世不一定要用钱财，许多事不用钱财也是可以做得很好的。有许多事，在他人可能要大费周折，而自己只是举手之劳。只要处处留意，便可发现需要帮助的人很多，这些帮助有时是不需要靠金钱的。所谓济世，无非是自己经常存着方便他人的心，就像在路上拾起一块滑脚的果皮，上车时让老年人先行，这些都是便利他人的行为。有这样的存心，便是一个可敬的人。

闲居常怀振卓心，交友多说切直话

◎ **我是主持人**

和许多人相聚在一起时，不要总是说些言不及义的话，古人好友相聚，常互相勉励，说恳切正直的话，彼此都能有所长进。因此，古人交游多是"以文会友，以友辅仁"，一来能增广见闻，二来能修养品德。如果大家在一起只是饮酒作乐，互相标榜，那也不过是一群臭味相投的酒肉朋友罢了。与古人相比，我们与人相聚太过"聒噪"了。

◎ **原文**

一室闲居，必常怀振卓心，才有生气；同人聚处，须多说切直话，方见古见。

◎ **注释**

振卓心：振奋高远的心。切直话：实在而正直的言语。

◎ **译文**

闲散居处时，一定要时常怀着策励振奋的心志，才能显出活泼蓬勃的气象。和别人相处时，要多说实在而正直的话，才是古人处世的风范。

◎ **直播课堂**

闲居的时候，最容易流于懒散而不知节制，若是没有高远的理想和策励之心，便不知不觉白白地蹉跎大好光阴，人也会变得安于逸乐。如果因此而丧失一颗向上的心，那么闲居就变成有害的事了。事实上，聪明的人正是利用闲居的时候来充实自己，因为忙碌使人没有时间考虑其他的事情，唯有在空闲时才可能自我充实。这段话真是教我们过日子的至理名言。

有才若无有德若虚，富贵生骄奢淫败俗

◎ **我是主持人**

一个家族的衰败往往是由于不肖子孙骄横怠惰所致。而社会风气的败坏总因为有些人富贵后竞相奢靡浪费，把一个淳朴良善的社会变成一个重财重色的大染缸。奢淫的祸害实在太大了。那些对社会风气具有影响力的达官显贵，更应该谨慎行事才对。

◎ **原文**

观周公之不骄不吝，有才何可自矜；观颜子之若无若虚，为学岂容自足。门户之衰，总由于子孙之骄惰；风俗之坏，多起于富贵之奢淫。

◎ **注释**

不骄不吝：不骄傲，不鄙吝。

◎ **译文**

周公制礼作乐，是周朝的圣人，但是他却不因为自己的才德而对他人有骄傲和鄙吝的心。有才能的人，哪里可以自以为了不起呢？颜渊是孔子的得意门生，他却"有才若无，有德若虚"，不断虚心学习。求学问哪里可以自以为满足呢？一个家族的衰败，总是由于子孙的骄傲懒惰，而社会风俗的败坏，多是由于大家过度的奢侈浮华。

◎ **直播课堂**

周公为武王之弟，周代的礼乐行政都由他制定，足见周公才华之美。孔子说："如有周公之才之美，使骄且吝，其余不足观也已！"由此可知，倘若一个人的才华像周公一般美好，而为人却骄傲鄙吝，孔子说这个人在其他方面也就没有什么可看之处了。因为才能是用来服务人群、造福社会的，一个骄傲鄙吝的人不但瞧不起别人，更是吝于贡献自己，再高的才华又有什么用呢？

颜渊是孔门弟子中德行最好的，孔子屡次称赞他，但是他却更为谦虚，更努力学习。我们现代人论学问品性，有几个人能比得上当时的颜渊呢？然而，大部分的人稍有所得便洋洋得意，殊不知，学问愈渊博的人，愈不敢自满，这是因为明白学海无涯的道理。而自满的人，又如何能拥有丰富的知识和品德呢？

凝浩然正气，法古今完人

◎ 我是主持人

圣贤的经书典籍是中国五千年文化的结晶，其中包含了经世济世之道和人伦五常之理，是圣贤智慧的凝聚。我们后代的人可以依据圣贤的经验去做，尽量减少行为的缺失。文天祥说："读圣贤书，所学何事？而今而后，庶几无愧！"他为什么能无愧于天地呢？因为他能成仁取义。读书的道理就在这里。

◎ 原文

孝子忠臣，是天地正气所钟，鬼神亦为之呵护；圣经贤传，乃古今命脉所系，人物悉赖以裁成。

◎ 注释

所钟：所聚集。裁成：裁剪修成。

◎ 译文

孝子和忠臣，都是天地之间的浩然正气凝聚而成，所以连鬼神都加以爱惜保护。圣贤的经书典籍，是从古至今维系社会人伦的命脉，所有的忠臣、孝子、贤人、志士，都是靠着读圣贤书，效法圣贤的行为，而成为伟人的。

◎ 直播课堂

　　文天祥正气歌有云："天地有正气，杂然赋流形，下则为河岳，上则为日星，于人曰浩然，沛乎塞苍冥。"所谓的忠臣孝子，他们之所以能为忠孝奋不顾身，就是因为他们心中有一股浩然正气。他们的那股正气足以"惊天地、泣鬼神"。因此，连鬼神也要护卫他们。至于一般人，常因利欲熏心不知道涵养自己的浩然正气，渐渐地，这股正气就消失了。要如何涵养自己的正气呢？孟子说得最清楚："以直养而无害，则塞于天地之间。"就是说人如果能拿正道好好地培养它，而且没有一毫邪念去损害它，那么它就能够充塞在天地之间了。

一生温饱而气昏志惰，几分饥寒则神紧骨坚

◎ 我是主持人

　　人长久生活在饱暖的环境里，久了就不能吃苦。四体不勤的结果就是志气堕落，雄心大志早被逸乐的日子消磨得一干二净，这种人很难有作为。因为志气是要有担待的，想成功就必须要有坚强的精神意志，在饱暖中浸泡得骨软志昏的人是无法承担它的，长久的无所用心已使他们失去应变与开拓的能力了。

◎ 原文

　　饱暖人所共羡，然使恋一生饱暖，而气昏志惰，岂足有为？饥寒人所不甘，然必带几分饥寒，则神紧骨坚，乃能任事。

◎ 注释

　　气昏志惰：神气昏昧，志气怠惰。神紧骨坚：精神抖擞，骨气坚强。

◎ 译文

　　人人都羡慕吃得饱、穿得暖的生活，可是就算一生都享尽物质饱暖的生活，精神却昏昧怠惰，那又有什么作为呢？忍受饥寒是人们最不愿意的事，但是饥寒却能策励人的志气，使精神抖擞，骨气坚强，这样才能承担重任。

◎ 直播课堂

　　饥寒能激起人的精神，磨炼人的耐力。在苦境中，人容易被激发起斗志和潜力，也容易被环境训练得更能吃苦耐劳，这些都是成功所必备的条件。这样的人才能肩负重责，而不会像温室里的花朵，经不起风吹雨打。

愁烦中具潇洒襟怀，暗昧处见光明世界

◎ 我是主持人

　　"人生不如意事十常八九"，若是件件挂怀，事事牵绊，那么，人生的烦恼真是没有止尽的时候。事实上，我们的烦恼常是由于自己执着不放的缘故，以致重重网罗，令人挣脱不得。碰到失意落魄的事，更是苦恼无边，像蚕一般作茧自缚。可是，蚕的自缚是为了蜕变成蛾，有其积极的生命意义，而人却往往难以"破茧而出"。让我们学习一点潇洒，一点淡然，相信我们的日子会过得愉快些，我们的生命也会活得圆满些。

◎ 原文

　　愁烦中具潇洒襟怀，满抱皆春风和气；暗昧处见光明世界，此心即白日青天。

◎ 注释

　　潇洒襟怀：豁达而无拘无束的胸怀。暗昧：事实隐秘不显明。

◎ 译文

　　在愁闷烦恼中，要具有豁达而无拘无束的胸怀，那么心情便能如徐徐春风般一团和气。在昏暗不明的环境里，要能保有光明的心境，内心就能像青天白日般明亮无染。

◎ 直播课堂

即使环境再黑暗，只要我们内心坦荡，仍然能见到光明世界。外界黑暗没有关系，只怕我们的心也一样黑暗；天下皆浊没有关系，只怕我们的心也一样混浊。在绝望之地能有希望，在恶境之中能有勇气，这些都是人心潜在的力量。心是人类文明的开端，也是文明最后的据点。心的灭亡，才是真正的灭亡。

装腔作势百为皆假，不切实际一事无成

◎ 我是主持人

以财势为重的人，不了解世界上还有比财势更重要的东西。这种人不但不明白人生的价值，也无法拥有人生真正的情趣。因为他们整日只知在金钱中打转，有了钱就想炫耀，拼命地在表面上下功夫，使自己看来更气派，以此博得别人羡慕的眼光，殊不知，这些都是过眼云烟。

◎ 原文

势利人装腔做调，都只在体面上铺张，可知其百为皆假；虚浮人指东画西，全不向身心内打算，定卜其一事无成。

◎ 注释

装腔做调：故作姿态，矫揉造作。体面上：表面上。指东画西：言语杂乱，东拉西扯。虚浮：不切实。

◎ 译文

势利的人喜欢装模作样，只知道在表面上铺张，由此可以看透他所作所为都是虚假的。不切实际的人言不及义，东拉西扯，完全不从自己的内心下功夫，可以料定他什么都无法完成。

◎ 直播课堂

在生活中我们会经常发现，有些人硬要打肿脸充胖子，才不会觉得自己脸上无光。观察这些人的心态，就能推论他们所做的事情大多虚伪不实。徒具外表的人的内心是无法充实的，这些人和百货公司里穿着貂皮大衣的塑料人并没有什么差别。还有许多不切实际的人，整天言语不休，说天道地，却没有一句是他做得来的。这种人不知道凡事须从自身做起的道理，也不肯花工夫埋头苦干，一事无成是预料中的事。因此，一个肯踏实进取的人才是最可敬佩的。

心胸坦荡，涵养正气

◎ 我是主持人

孟子谈到如何培养浩然之气时，曾经举了一个例子：宋国有个人忧愁他的禾苗不长大，就把苗根拔高起来。他精疲力竭地回到家里，告诉家人说："今天累死了，不过，我也帮助苗长高了！"他的儿子跑去一看，那些稻苗都已经枯槁了。

◎ 原文

不忮不求，可想见光明境界；勿忘勿助，是形容涵养功夫。

◎ 注释

不忮不求：《诗经·邶风·雄雉》："不忮不求，何用不臧。"是说一个人不陷害人，也不希求非分之财，这种人怎么会做出不好的事情来呢？勿忘勿助：《孟子·公孙丑》："必有事焉而勿正，心勿忘，勿助长也。"这是指养气的功夫必定要把集聚道义当做一件事，但不可预先期望效果，只要心里不忘记由它自然生长就是了，也不要因为气不充足，另外想法子帮助它生长。

◎ 译文

由安贫知足、与世无争、不陷害别人、不贪取钱财的态度，可以看到一个人心境的光明。在涵养的功夫上，既不要忘记聚集道义以培养浩然正气，也不要因为正气不充足，就要想尽办法帮助它生长。

◎ 直播课堂

孔子在《论语·子罕》篇中说子路为人慷慨尚义，子路穿着破旧的袍子，和穿了皮袍的富贵之人站在一起时，他没有一点儿自卑感，丝毫不觉得自己不如别人，这种气魄不容易养成，必须要有真正的学问和气度才行。因此，孔子引用《诗经·邶风·雄雉》中的"不忮不求，何用不臧"两句话称赞子路，也告诉我们子路为什么能做到，就是这四个字："不忮不求"。

大家都知道"不求"是指凡事都无所求。什么是"不忮"呢？以现代的观念来解释，就是内心一片坦荡。你地位高、有钱，但你是人，我也是人，并没有把功名富贵和贫富之间分等级，都一样看得很平淡，自然不会因忌妒而陷害别人了。以此待人处世"何用不臧"？怎么会做出不好的事情来呢？哪里会行不通呢？有这种心理，气度自然就高远。所以说气质不是外表的服饰可以装饰出来的，要在内心具备这种修养，才是一个坦荡的君子。因此，一个人不忮不求才能见出他的光明心境。

孟子利用"揠苗助长"这则寓言故事，说明养气不能像宋人帮助禾苗生长那样。有的人认为养气没有益处而丢开它，这就等于种田却不替苗耘草，最后仍然得不到效果。有的人养气未成，却硬要帮助它速成，这就和拔苗助长一样了，不但没有益处，反而害了它。因此，想涵养我们那股浩然之气，千万不要忘记聚集道义，更不要忘记让它自然生长。也不要因为它不够充足，就想助长它。因为这浩然的正气是集聚平时所为的一切道义，是从内在发生出来的，并不是在外面窃取一两件偶然合于道义的行为就能得到的。所以说"勿忘勿助"是形容涵养的功夫。

求其理数亦难违，守其常变亦能御

◎ 我是主持人

世事虽然多变化，但是君子只需守住常道，就能"以常制变"，因为常道是万物的根本。就像万物或飞或跃，暂离地面，也一定要回到地面的道理一样。如果常道偏失了，不必等任何变化，自己必定会先倾覆。因此，君子只知道持守常道，并不惧怕小人诡计多端，也不畏惧世事多变化。

◎ 原文

数虽有定，而君子但求其理，理既得，数亦难违；变固宜防，而君子但守其常，常无失，变亦能御。

◎ 注释

数：运数。理：合于万事万物的道理。常：常道。

◎ 译文

运数虽有一定，但君子只求所做的事合理，若能合理，运数也不会违背理数。凡事应该防止意外，但君子如果能持守常道，只要常道不失去，再多的变化也能防御。

◎ 直播课堂

许多人相信"命运"是个定数。因此，有的人干脆不思进取，甚至坐以待毙。事实上，天下的事情一切依理而行，只不过有时显而易见，有时却隐晦不明。譬如一个杯子坠地，你若能及时用手接住，杯子便不会破碎，人的命运也是如此。有的看来似乎难以转变，却又不尽然。无论显而易见或隐晦不明，总不只说命为定数。所以，君子做事，于人求人理，于事求事理，只要不悖理行事，命运的好坏就不值得忧虑了。

第四章
通达事理，谨严淡泊

"甘于淡泊，乐于寂寞"，淡泊是恬淡寡欲，理性的成熟，寂寞是另一种精神领悟和另一种人生境界。"淡泊以明志，宁静以致远"，在纷纷扰扰的生活中，我们又有几人能做到宠辱不惊呢？看庭前花开花落，望天上云卷云舒，弃一切世俗之物，悠然于天地山川草木之中，这是大家心神向往已久的宁静生活。

和气致祥骄者必衰，从善者彰为恶者弃

◎ **我是主持人**

要论断一个人的吉凶，不必从五行去推断，只要看他行善或是为恶就知道了。从"水流湿，火就燥"的道理来看，行善的人必能得到拥戴，为恶的人必定遭人唾弃。因此，行善的人是吉星，为恶的人便是凶星，想推定吉凶，这就是一个很好的依据。

◎ **原文**

和为祥气，骄为衰气，相人者不难以一望而知；善是吉星，恶是凶星，推命者岂必因五行而定。

◎ **注释**

五行：金、木、水、火、土。

◎ **译文**

平和就是一种祥瑞之气，骄傲就是一种衰败之气，看相的人一眼就能看出来，并不困难。善良就是吉星，恶毒就是凶星，算命的人哪里必须按照五行才能论断吉凶呢？

◎ **直播课堂**

我们常说："和气致祥"，可知一个"和"字能化解多少干戈。生意人常把"和气生财"挂在嘴边，可知一个"和"字能带给人们多少益处。一个人能常保中和之气，既不会遇刚而折，也不会太柔而屈；既不会遇骄而覆，也不会太虚而穷。能够常保这种"和气"，生命便如源源活水，这当然是一种吉祥之气了。而骄傲的人即使处在富贵中也不长久，因为，他盛气凌人，必定导致衰败，所以说"骄为衰气"。善于看相的人一望可知，自然能推断一个人的祸福了。

人生不可安闲，日用必须简省

◎ 我是主持人

日常生活的花费愈简单愈好，因为人的欲望永远不会满足，一旦陷入就很难自拔了。粗茶布衣不但无损我们的人格，还可以见出一个淡泊宁静的心胸。而节俭朴实，永远是令人称许的美德。现代人似乎都很怕穿得"寒酸"，惹人笑话，其实，以现在的生活水准来看，穿着寒酸倒是很少见的，反而内心"寒酸"的人愈来愈多。舍不得衷心赞美他人，舍不得为别人牺牲一点，这种内心的"简省"，才是值得大家深思的。

◎ 原文

人生不可安闲，有恒业，才足收放心；日用必须简省，杜奢端，即以昭俭德。

◎ 注释

恒业：长久营生的产业。放心：放逸的本心。

◎ 译文

人活在世上不可闲逸度日，有了长久营生的事业才能将放失的本心收回。平常花费必须简单节省，杜绝奢侈的习性，可以昭明节俭的美德。

◎ 直播课堂

孟子说："学问之道无他，求其放心而已矣。"意思是说，学习的主要目的就是要把我们放逸逃失的本心收回来。孟子又说："无恒产而有恒心者，惟士为能。"读书人不必要有长久营生的产业，却必须要有追求学问道德的恒心。而一般老百姓当然必须要有"恒产"了。人不能无所事事地过日子，安闲逸乐的日子过得太久，心志就会丧失掉。大人常常骂小孩："心都给玩掉了！"，就是这个道理。因为有了稳定的工作，生活才有目标，心才能安定下来。我们这颗心才不会如脱缰的野马，乱跑乱闯。有的人过不了安闲的日子，因为他受不了"不用心"的日子，这种人常常会讥笑自己是"劳碌命"，以另一个观点来看，能为工作而劳碌，有时也未尝不是一种福气。

秤心斗胆成大功，铁面铜头真气节

◎ 我是主持人

有真气节，才能不徇私；有真气节，才能不畏权势。所谓铁面铜头，正是形容一个人不徇私、不畏恶的凛然作风。这种人如果做官，政治必定清明，因为他以廉洁自守。如果他只是个老百姓，也一定有为有守，不致作奸犯科，伤风败俗。不管是在朝为官，或是在野为民，这种人即使撞得头破血流，还是一副硬骨头，因为真理永远是他们追寻的目标。

◎ 原文

成大事功，全仗着秤心斗胆，有真气节，才算得铁面铜头。

◎ 注释

秤心斗胆：比喻一个人心志坚定，胆识远大。铁面铜头：比喻一个人公正无私，不畏权势。

◎ 译文

能够成大事立大功的人，完全靠着坚定的心志和远大的胆识。真正有气节的人，才可能铁面无私，不畏权势。

◎ 直播课堂

成大事立大功需要靠学问，但是，如果没有一颗如秤锤般坚定的心和远大的胆识，什么事都不敢做，即使做了也不长久，那么凡事都不能成功。例如，孙中山先生十次革命失败却仍不气馁，心志的坚定可见一斑。

在那时，革命被视为叛逆的行为，抓到了是要杀头的，可孙中山先生始终不忧不惧。他学问渊博，胆识超人，才能成就这番创建民国的大事业，这不是一般人做得到的。古来的英雄烈士，哪一个不是凭着秤心斗胆，抛头颅、洒热血，为历史增添一页页可歌可泣的篇章？

责人先责己，信己亦信人

◎ 我是主持人

其实，责备别人并不容易，因为责备他人时，首先自己的立场要对。如何才能保证自己的立场对呢？大概便是要先自我反省一番了。即使自己做得对，要别人心悦诚服也不容易，因为每个人的立场不同，你认为对的，对方不见得赞同，因此责备别人通常会招致怨恨。不如我们好好地反求诸己，先把自己端正好了，再要求别人。

◎ 原文

但责己，不责人，此远怨之道也；但信己，不信人，此取败之由也。

◎ 注释

远怨：远离怨恨。

◎ 译文

只责备自己，不责备他人，是远离怨恨的最好方法。只相信自己，不相信他人，是做事情失败的主要原因。

◎ 直播课堂

有的人一味责备别人，而自己却多行不义，就难怪别人要怨恨他了。话说回来，即使要"责人"，也要懂得"忠告善导"的道理。不过，作者在这里说的还是重于"修己"，与其要求别人，不如要求自己的内省功夫。

没有人做事情永远不出差错。有些人很有自信，这当然很好，可是如果因此不相信别人，就值得反省了。有时候，我们难免会犯这种错误，我们常说别人刚愎自用，自己又何尝不然？历史上不乏因刚愎自用而失败的例子，以国势来说，大凡一个朝代能兴盛，往往是国君肯礼贤下士，采纳忠言。而国家的衰败，总是因国君不听忠言，自取灭亡。因此，我们除了建立自信心外，相信别人的长处，虚心向对方学习，也是很重要的。

无执滞心始通达事理

◎ 我是主持人

从前有一个人，乘船过江到半途的时候，他的剑掉进水里了，于是他马上在船上刻了个记号。他说："我的剑是从这里掉入江中的，我只要按这个记号去找，就可以打到剑了。"你想，他能找到剑吗？当然不可能，他不懂得水流船动的道理。因此，我们把"刻舟求剑"比喻为固执不通的意思。这个人的心，就是一种"执滞心"。

◎ 原文

无执滞心，才是通方士；有做作气，便非本色人。

◎ 注释

通方士：博学而通达事理的人。本色：本来面目。

◎ 译文

没有执着滞碍的心，才是通达事理的人。有矫揉造作的习气，便无法做真正的自己。

◎ 直播课堂

所谓通方士，乃是指博闻而通达事理的人。一个人若固执不通，必然无法对学问通达无碍，因为他心中常有偏执取舍，以致许多事物无法以客观与谦虚的态度去评断或接受。因此，他即使再有学问也是固执一隅，只能成为专才而无法成为通才。有时执着极易造成偏见，而滞碍不通更容易变成食古不化。真正的道理都是活的，并不是教条。有"执滞心"的人往往只知道抓着一些"道理的教条"不放，运用时也不知变通。

做作无非是想要改变别人对你的看法，因此才有意去掩饰与改变自己的本性。然而，这种改变总是为了别人，有时候甚至是为了世俗的名利，无论如何这都是一种自欺欺人的行为。想改变他人对自己的印象，不要在表面上下功夫，应从自己的内心本质改变起，不过，到底是变好还是变坏，自己要看清楚。如果改变的自己并不能使自己的生命更具有意义，不如保有原来的自己，至少不会使自己的生命更糟。孟子说："人性本善"，我们只要发扬心中本有的善性，便是最好的本色人。让我们都保有属于自己的"本色"吧！

心为主宰，死留美名

◎ 我是主持人

　　眼、耳、口、鼻、身是人的五官，它们又需要以"心"为主宰。如果一个人不用"心"，就会耳不听忠言，目不辨黑白，口中胡乱言语，连鼻子也让人牵着走，那么这个人必然无法端正自己。"心"能辨是非，明好恶，所以，人最要把"心"先修好。《大学》上说："心正而后意诚，意诚而后身修。""心"若正，一切行为也就正直而不偏失。再进一步说，贤人便是一个社会的"心"，若是没有贤人，许多人便不辨是非黑白，不明善恶。因此，一个社会需要贤人来领导大众，而一个人更要努力成为贤人。

◎ 原文

　　耳目口鼻，皆无知识之辈，全靠者心作主人；身体发肤，总有毁坏之时，要留个名称后世。

◎ 注释

者心：这心。

◎ 译文

眼耳鼻口，都是不能够思想的东西，完全依赖这颗心来作为它们的主宰。身体肌肤，在我们死后都会腐败毁损，总要留一个好名声让后人称颂。

◎ 直播课堂

所谓留个名称后世，便是要我们在有生之年要有所作为，做些有益世人的事，这就是自我实现。留名是要留善名，而不是恶名，若是恶名，不如不留。有些人以为"人死留名，豹死留皮"，留个臭名也好，至少大家一辈子都记得他。这种人思想邪曲，却不知道自己的父母有多痛心！想想岳飞庙前的秦桧像，人们经过，或怒骂或吐痰才能泄恨。的确，我们珍惜父母赐予的身体发肤，做一个有用的人，就算不能显扬父母的名声，也不要辱没父母的苦心啊！

有生资更需努力，慎大德也矜细行

◎ 我是主持人

如果仅在大行为上面注意，微细的行为却不加谨慎，仍然不能让人信任。因为由小见大，有时小节正是一个人内心的真正流露，如果小节屡犯，则表示此人还不能将一些劣根性去除。正如堤坝上有裂痕，随时都有可能扩大崩裂，谁敢去相信呢？

◎ 原文

有生资，不加学力，气质究难化也；慎大德，不矜细行，形迹终可疑也。

◎ 注释

　　生资：天赋优良的资质。学力：努力学习。不矜细行：不拘小节。

◎ 译文

　　天生的资材很美好，如果不加以学习，脾气性情还是很难有所改进的。只在大的行为上留心谨慎，而在小节上不加以爱惜，到底让人对他的言行不能信任。

◎ 直播课堂

　　"人之初，性本善"，是说人本来就有良好的善性，但是为什么有的人后来却成为不好的人呢？这完全是由于外力的影响所造成。就如一块璞玉，如果好好去琢磨，会变得光润美好，然而若不加以琢磨，它顶多也不过是一块石头，终究不能成为玉器。因此，我们才说"玉不琢，不成器。"同样的，人的本性再美好，也要努力学习，在学问的潜移默化中加以琢磨，才能成为大器。所以，光有优秀的天赋，后天却不肯努力学习，也是枉费了上天一片美意。久而久之，连天赋的潜力也会被埋没，更别谈变化气质了。

忠厚传世人，恬淡趣味长

◎ 我是主持人

　　众人总以为奢侈热闹是最有面子的事，事实上，这样足以让人的心被物欲所蒙蔽。如果大家都崇尚奢侈，就会造成一个重利的社会。既然重利，便不重义，这正是社会风气败坏的原因。老子主张人应清静寡欲，他说"五色令人目盲；五音令人耳聋；五味令人口爽；驰骋畋猎，令人心发狂"，这并非没有道理。反而是寂静恬淡，可以使我们的万虑皆涤，心胸为之一畅。所谓"一沙一世界，一花一天堂"，在心灵寂静恬淡中才可以观照得到。

◎ **原文**

　　世风之狡诈多端，到底忠厚人颠扑不破；末俗以繁华相尚，终觉冷淡处趣味弥长。

◎ **注释**

　　颠扑不破：理义正当，不能推翻。趣味弥长：滋味更耐久。

◎ **译文**

　　世俗的风气愈来愈流于狡猾欺诈，但是忠厚的人诚恳踏实，他们的稳重质朴，永远是众人行事的模范。近世的习俗愈来愈崇尚奢侈浮华，不过，还是寂静平淡的日子更耐人寻味。

◎ **直播课堂**

　　世俗的风气所以狡诈多变，大半是为了名利二字。而狡诈的手段是一些骗人的伎俩，不过，大家也不是傻子，不会一再受骗。待人处世不妨学学忠厚人的那股"傻劲"。小人的狡诈欺瞒，忠厚老实的人是永远学不来的，想也想不通的，为什么不以诚心待人？为什么要老奸巨猾？其实，吃亏的往往是那些搞阴谋诡计的小人，陷害的也是他们自己。让我们的心保留一块净土吧！这片净土，只有忠厚的人能以赤子之心去耕耘。在对人失望透顶的时候，不妨想一想，我们的社会其实极其缺乏厚道可爱的人啊！至少，我们就可以要求自己做一个忠厚之人！

交友要交正直者，求教要向德高人

◎ **我是主持人**

　　孔子说过有三种朋友值得我们学习，那就是友直、友谅、友多闻。友直便是行为正直，又能规劝我们错处的朋友。要观察一个人，先观察他所结交的朋友。一方面因为自己正直，才会结交正直的人，另一方面有这种朋友相互提携，自己的德业学问必定能日渐进步。这样的人怎么会不受人称赞呢？

◎ **原文**

能结交直道朋友，其人必有令名；肯亲近耆德老成，其家必多善事。

◎ **注释**

直道：行事正直。令名：美好的名声。耆德老成：德高望重的老年人。

◎ **译文**

能与行为正直的人交朋友，这样的人必然也会有好的名声；肯向德高望重的人亲近求教，这样的家庭必然常常有善事。

◎ **直播课堂**

老年人的人生经验很丰富，他们就好像是宝藏，只要你肯挖取，必能从中获得许多可贵的宝物；又好像地图，可以指引我们走上正确的道路。当然，这是指修养很好、道德有成的老年人。一个人如果肯常常去亲近这样的老年人，受其教益，就会比较容易成功。推而广之，他的家庭也一定能逐渐兴旺，因为他能以好的表率来教导子孙，使得"家和万事兴"。

解邻纷争即化人之事

◎ **我是主持人**

在我们的观念中，好像只有圣贤才能教化人，其实不然，像我们一般人，如果能为邻里的人排解纠纷，为他们讲说做人的道理，使他们注重和睦相处的重要性，这也是在教化人。这种影响力虽然小，却也不能忽视。假使每个人都有心如此，小至邻里，大至乡党，岂不是一片和气吗？因此，每个人都不要轻忽了自己的力量。

◎ 原文

　　为乡邻解纷争，使得和好如初，即化人之事也；为世俗谈因果，使知报应不爽，亦劝善之方也。

◎ 注释

　　化人：教化他人。不爽：没有失误。

◎ 译文

　　替乡里的邻居解决纷争，使他们和最初一样友好，这便是感化他人的事了。向世俗的人解说因果报应的事，使他们知道"善有善报，恶有恶报"的道理，这也是一种劝人为善的方法。

◎ 直播课堂

　　若能向乡人解说因果的事，使乡人明白善恶报应的道理，他们自然会勉力行善，而不会去为恶了。因此，作者认为这也是劝人为善的方法。

发达福寿空命定，努力行善最要紧

◎ 我是主持人

　　如果只相信命运，认为一个人事业的成功，完全是命中注定，因而想不劳而获，这就不是正确的生活态度了。如同一则寓言故事中所讲的懒妇人，她丈夫出远门前怕她饿死，就做了一个大圈饼挂在她的颈上，如此才放心出门。但是回来时发现她仍然饿死了，因为她连把饼拿起来吃都懒得拿。就算一个人命再好，如果不肯努力、不肯下功夫，还不是一事无成？更何况，命运好不好谁又能知道呢？一个人发达了，就说是他的命好、运好，否定了他的苦心与努力，更是不公平的事。

◎ 原文

　　发达虽命定，亦由肯做工夫；福寿虽天生，还是多积阴德。

◎ 译文

一个人的飞黄腾达，虽然是命运注定，却也是因为他肯努力。一个人的福分寿命，虽然是一生下来便有定数，但还是要多做善事来积阴德。

◎ 直播课堂

人的福分和寿命虽然也是天生的，然而多有因积善而得福，因行善而致长寿的。你种什么因，便得什么果，不但过去如此，今后也是如此。所谓："欲知过去因，今日受者是；欲明未来果，今生作者是。"天生福分虽好，若多行不义，也许今生就会尝到恶果，有什么福分可言？若有人命中原该长寿，可是他心里充满恶念，再加以纵情酒色，哪里会长命呢？因此，不管一个人天生的福寿命运如何，最重要的仍是今生今世的努力与行善，大家不要忽略了这一点才好。

百善孝为先，万恶淫为源

◎ 我是主持人

一个心怀仁义的人，连蝼蚁都不忍去踩，连草木都不忍去任意砍伐。因为他有着"民胞物与"的胸怀，就更不可能会做出伤天害理的事了。同样的，一个有孝心的人在做任何事之前，都会想到那样做会不会使父母蒙羞，甚至还要想如何做才会让别人因自己的行为而称赞自己的父母。像这样一方面断绝了恶行之源，另一方面又开启了善行之端，孝岂不是一切行为中最根本、最重要的吗？俗话说"百善孝为先"就是这个道理。

◎ 原文

常存仁孝心，则天下凡不可为者，皆不忍为，所以孝居百行之先；一起邪恶念，则生平极不欲为者，皆不难为，所以淫是万恶之首。

◎ 注释

百行：一切行为。

◎ **译文**

　　心中常抱着仁心、孝心，那么，天下任何不正当的行为都不会忍心去做，所以孝是一切行为中应该最先做到的。一个人心中一旦起了淫秽恶念头，那么平常很不愿做的事现在做起来一点也不困难，因此淫心是一切恶行的开始。

◎ **直播课堂**

　　所谓"色胆包天"，是指一个人心中一旦起了淫邪的念头，什么坏事都做得出来。因为色欲是一个人欲念之中最为强烈的，只可节制它，不可放纵它，更何况任何欲念都是无穷无尽的，一旦放纵整个人就会受肉欲所驱使，而不能为心智所控制，什么伤天害理的事都敢去做了。由此可见，淫实在是万恶之首。

享受减几分方好，处世忍一下为高

◎ **我是主持人**

　　怎样才算是对自己好？是否让自己锦衣玉食，便是待自己好？事实上，过于"珍爱"自己，往往会失去生命力，使自己变得不思振作。这种对自己的好，往往是最不好的。真正对自己好的人，并不在物质上满足自己，而是懂得如何使自己的生命过得更充实，使自己的生命不浪费。

◎ **原文**

　　自奉必减几分方好，处世能退一步为高。

◎ **注释**

　　自奉：对待自己。

◎ **译文**

　　对待自己，最好不要把自己侍候得太好；与世人相处，最好凡事能退一步想，才是聪明的做法。

◎ 直播课堂

　　和他人相处时，并不是什么事都争第一，才是最好的。因为争的事情有许多种，若是公益的事，恐怕许多人唯恐避之不及，还谈什么"争"？一般人所争的无非是个人的名与利，不但把自己的气量争小了，还使大家剑拔弩张，不战不休。"忍一下风平浪静，退一步海阔天空"。倒不如退让一些，让自己清醒一点，人际关系可能更和谐。不过，这点不太容易做到，因为大家都想争一口气，否则就认为自己很没有面子。其实，这关乎修养与处世态度，和面子有什么关系呢？

持守本分安贫乐道，凡事忍让长久不衰

◎ 我是主持人

　　身处优裕的环境，就更要谨慎谦虚了，所谓"势不可使尽，福不可双受"，使尽受尽之后，便是穷窘困乏。因此，优裕时若是骄横而逞强欺人，便是很难守得住鼎盛的家业。要持盈保泰，就是要遵循"忍让"二字。大部分的人一朝得势了就会有恃无恐，以前能忍的现在再也忍不住了。既然有权有势了，还有什么他能忍的？如此一来纷争不断，能优裕到什么时候？不管人处在什么环境，中国人尤其讲求"忍"，这永远是立身处世的良方。

◎ 原文

　　守分安贫，何等清闲，而好事者，偏自寻烦恼；持盈保泰，总须忍让，而恃强者，乃自取灭亡。

◎ 注释

　　持盈保泰：事业到达极盛时，不骄傲自满，反能谦谨地保持着。

◎ 译文

　　能持守本分而安贫乐道，这是多么清闲自在的事，然而喜欢兴造事端的人，偏偏要自找烦恼。在事业极盛时总要不骄不满，凡事忍让才能保持长久而不衰退，因此，仗势欺人的人等于是自取灭亡。

◎ 直播课堂

　　人若心中不妄求，对事物都能用一种"平常心"去看待，人生一定比较轻松自在。所谓"春有繁花秋有月，夏有凉风冬有雪，若无闲事挂心头，便是人间好时节"。可惜人的"闲事"实在太多了，整天患得患失，全没有一个安定处。穷时求富，富时求名，即使名利双收了，还是改不了"好管闲事"的毛病。享受的比别人多，烦恼也比别人多，这似乎是很公平的事。做个快乐的穷人也不容易，因为大部分的穷人都很不快乐，总是愁眉苦脸的。其实，这是看各人的生活态度而定。凡事顺其自然，不强求而尽本分，保持内心的安泰，这可能是大部分人都无法了解的人生至乐。

境遇无常须自立，光阴易逝早成器

◎ 我是主持人

　　人的一生可能遭遇到的事物以及环境的变迁是没有一定的。有的人生于富豪之家，却因意外遭遇变故潦倒而死；有的人生于穷困的家庭，却因环境际遇再加上个人的努力，而成家立业。这正说明了人生的无常。在无常的人生中，若想维持一个起码的生活条件，一定要学得一技之长，一可以图个人温饱，二可以养活一家人，甚至帮助他人，总不至于在挫折的时候连自己也养不活。

◎ 原文

　　人生境遇无常，须自谋取一吃饭本领；人生光阴易逝，要早定一成器日期。

◎ 注释

境遇：环境的变化和个人的遭遇。成器：成为可用之器，即指能有所成就的意思。

◎ 译文

人生中的环境和遭遇是没有一定的，自己要谋求足以养活自己的一技之长，才不致受困于环境。人的一生仅仅数十寒暑，很容易便逝去了，一定要及早订立远大的志向和目标，在一定的期限内使自己成为一个有用的人。

◎ 直播课堂

人的一生是十分短暂的，转眼即过，若不好好把握，极可能有"老大徒伤悲"的感慨，后悔也来不及。所以，要及早为自己订立一个远大的志向和目标，督促自己在某个时限完成它，这样生活才有目标和意义。然而很多人的生命却是在张望和蹉跎中逝去的。孔子见到流水，而有"逝者如斯夫，不舍昼夜"的感慨，我们更应振奋起精神，勇往直前，不虚度光阴。

河川学海而至海，苗莠相似要分清

◎ 我是主持人

真理的辨认是十分不容易的，就像苗与莠一般难以分别。因此，在研究任何一种学问或穷究一项事理时，一定要经过谨慎的判断，才能评论是非。只有真知灼见方能洞察真理，排除似是而非的谬论。

◎ 原文

川学海而至海，故谋道者不可有止心；莠非苗而似苗，故穷理者不可无真见。

◎ 注释

谋道：追求学问及人生的大道理。莠：妨害禾苗生长的草，像禾，俗名狗尾草。

◎ 译文

河川学习大海的兼容并蓄，最终能汇流入海，海能容纳百川。所以，一个人追求学问与道德的心也应该如此，永不止息。田里的莠草长得很像禾苗，可是它并不是禾苗，所以深究事理的人不能没有真知灼见，否则便容易被蒙蔽。

◎ 直播课堂

"川学海而至海"乃是一个比喻，如果把每一个读书人的求学心当作河川，而把知识当作海洋，那么河水奔腾不息，经过许多崇山峻岭，最终汇流到海洋。正如读书人求学也应不畏艰难，自强不息，知识、道德才能更渊博深广。"泰山不辞抔土，故能成其高；河海不弃细流，故能成其大。"读书人也不要放过任何获得新知的机会才是。

守身必谨严，养心须淡泊

◎ 我是主持人

人的渴望是无穷无尽的，许多事情想也没用，徒增我们的烦恼。禅宗有句偈语是这样的："左一布袋，右一布袋，放下布袋，何等自在？"许多事情对于我们而言，也就像布袋一般，只是负担。大部分人一辈子扛着七情六欲、儿女情长的"布袋"，永远也放不下，这样非把自己累死不可。结果，这一辈子双手都用来扛布袋，而不能空出来做一些有意义的事；心灵也永远静不下来，想一些真正属于自己生命的问题。

◎ 原文

守身必谨严，凡足以戕吾身者宜戒之，养心须淡泊，凡足以累吾心者

勿为也。

◎ 注释

　　守身：持守自身的行为、节操。戕：损害。

◎ 译文

　　持守节操必须十分谨慎严格，凡是足以损害自己操守的行为，都应该戒除。要以宁静寡欲涵养自己的心胸，凡是会使我们心灵疲累不堪的事，都不要去做。

◎ 直播课堂

　　一个人的生命有限，倘若没有什么抱负，只求庸庸碌碌地过一生也就罢了。如果对人生还有一点牵系、一点理想，那么持身谨严就很重要。正因为我们爱人生，所以爱自己，"守身"正是爱自己的表现。我们珍惜自己的一言一行，唯恐有所缺失。古人的"守身如玉"，无疑是对生养自己的父母与孕育自己的天地的一种最诚心的回报，因此，凡是可能损害自己言行的邪曲行为一概不为。古人的操守光明坦荡，就以现代的眼光来看依然温良可亲，学习他们并不代表食古不化。做到"谨严"二字，是不容易的。

有德不在有位，能行不在能言

◎ 我是主持人

　　一个人足以为人赞赏，并非他身在高位，因为深居高位可以为善，也可以为恶，一切全在他内心是否有德。有德的人即使居于陋巷，他做的事仍然有益于众人；无德的人即使身居政要，也不是大家的福气。

◎ 原文

人之足传，在有德，不在有位；世所相信，在能行，不在能言。

◎ 注释

足传：值得让人传说称赞。

◎ 译文

一个人值得为人所称道，在于他有高尚的德行，而不在于他有高贵的地位。世人所相信的，是那些凡事都能实践得很成功的人，并不是那些嘴里说得好听的人。

◎ 直播课堂

一般人的毛病是光说不做，从小到大，我们不知说过多少遍"我一定要……"，结果毛病还是毛病。有些人说起话来真是令人倾倒，但是再仔细观察他的行为，则对他的话就要大打折扣了。因此，要让别人相信你很简单，拿出成果来！毕竟大家的眼睛是雪亮的，是要看你做，而不是听你说。

称誉易而无怨言难，留田产不若教习业

◎ 我是主持人

一个人要做到让他人赞美并不是困难的事，最困难的是让别人对自己没有丝毫怨言。因为前者可能多做几件好事就能得到，而后者几乎是要人格完美无缺才行。在我们的经验中，一个人很难做到十全十美。"使乡党无怨言"不是去讨好每一个人，而是要使每个人都能信服，这就很困难了。由这章我们就可以知道，古人是怎样要求自己的。我们要持之以恒，在自己的人格修养上下功夫，努力做到让周围的人对自己毫无怨言。

◎ 原文

与其使乡党有誉言，不如令乡党无怨言；与其为子孙谋产业，不如教子孙习恒业。

◎ 注释

誉言：称誉的言辞。产业：田地房屋等能够生利的叫做产业。恒业：可以长久谋生的事业。

◎ 译文

与其让邻里对你称赞有加，不如让乡里对你毫无抱怨。替子孙谋求田产财富，倒不如让他学习可以长久谋生的本领。

◎ 直播课堂

为子孙谋求大的产业原是人之常情，可是子孙若是品德不良，庞大的产业总会让他败尽，甚至使他的行为更加乖张，因为他有了挥霍的凭借。即使子孙品德上过得去，若无谋生的本领，坐吃山空，再多的家产也会有用光的一天。因此，留产业给子孙倒不如先教好他的品德，让他学习一技之长。一方面有了长久谋生的本领，另一方面也不会花天酒地、入不敷出，这才是最妥当的办法。

先贤格言立身准则，他人行事又作规箴

◎ 我是主持人

先贤的格言都是经验的累积。虽然时代环境已大有不同，但人心千古相同；虽然社会制度已有改变，但做人的道理不变。因此，多将一些圣贤的言语记入心底，多加以咀嚼、消化，我们行事便能建立一个正确的准则，不至于被邪说蒙蔽，遇事也能依此来决定取舍之道。

◎ 原文

多记先正格言，胸中方有主宰；闲看他人行事，眼前即是规箴。

◎ 注释

先正：指先圣先贤。规箴：规是画图的器具，箴是具有规劝性质的文体，规箴是指可以规正我们行为的道理。

◎ 译文

多多记住先圣先贤立身处世的训辞，心中才会有正确的主见。旁观他人做事的得失，便可作为我们行事的法则。

◎ 直播课堂

"他山之石，可以攻玉。"许多事情我们虽不曾经历过，但只看他人已有的得失，便知这件事值不值得去做。譬如，看那些嗜赌如命的人如何倾家荡产、妻离子散，就知道赌博不是一件好事，更不值得我们效仿了。我们看他人诚实稳重、热心踏实，最后能得到大家的信任，经商能致富，为学有所成，做官更是造福民众，就知道这是值得我们效法的。事实上只要我们多加留意，格言不仅在书中，也在我们的生活里。

第五章
心静正直，公正处世

为人处世首先要使自己拥有良好的心态，那就是踏踏实实做人，做实事、做好事，就是树立信念、敢想敢拼、公正处世，并持之以恒。唯有如此，则事必成！为人和处世是相互联系的，只有两者相互配合才能在人生道路上一步一步走下去。

身为重臣而精勤,面临大敌犹弈棋

◎ 我是主持人
　　晋代的陶侃身为广州刺史时,每天仍然运砖来修习勤劳,不使自己有一点怠惰的习惯。他还常常劝人爱惜光阴、珍惜事物,可见,古时成大事的人莫不时时刻刻在鞭策着自己,即使有最舒适的环境让他享受,他也宁愿劳动自己的筋骨,绝不让自己懈怠半分。陶侃后来能成为晋代名臣,实非偶然。他的这种精勤、永不懈怠的精神值得我们学习。

◎ 原文
　　陶侃运甓官斋,其精勤可企而及也;谢安围棋别墅,其镇定非学而能也。

◎ 注释
　　陶侃:晋代鄱阳人,为人明断果决,任广州刺史时经常运砖修习精勤。甓:砖的一种。谢安:晋代阳夏人,淝水之役时前秦苻坚投鞭断流,人心为之惶惶,当时谢安为征讨大都督,丝毫不惊慌,闲时仍与友人在别墅下棋,镇定如常,最后他的侄儿谢玄大破苻坚于淝水。

◎ 译文
　　晋代的名臣陶侃,在闲暇的时候仍然运砖修习勤劳,这种精勤的态度是我们做得到的。晋代名相谢安,在面临大敌时仍然能和朋友从容不迫地下棋,这种镇定的功夫就不是我们学得来的。

◎ 直播课堂
　　谢安在大军临境时还能安然下棋,这等功夫让人不得不佩服。但是他令人佩服的地方并不在于他视若不睹,而是他分明看见却能胸有成竹并泰然处之,所以能临危不乱,大破苻坚的百万雄师。这种镇定功夫并不是临时学就学得来的，因为这完全是看个人的胆识。就像练功夫的人，由于长久临敌，知道遇事而乱是最大的忌讳，另一方面也由于功夫已深，对方一拳打来，自己有数十种方法可以化解，自然不觉得有什么好慌张的。镇定能让人的头脑保持清醒，慌张只会让事情更糟；镇定能找出对方的弱点，慌张只会自露弱点。唯有镇定，才能克敌制胜。

以美德感化人，让社会更祥和

◎ 我是主持人

这则讲的完全是一个"心"字。如果真的有心救助他人，并不怕自己能力不够。只要有心，任何事情一定可以略尽自己的绵薄之力。大部分人说自己没有能力助人，总归一句话还是没有心罢了。帮助他人的方法很多，有钱的出钱，有力的出力，一声慰问也可以带给别人满心的温暖。只要自己有心。

◎ 原文

但患不肯济人，休患我不能济人；须使人不忍欺我，勿使人不敢欺我。

◎ 注释

济人：救济别人。

◎ 译文

只怕自己不肯去帮助他人，不怕自己的能力不够。应该使他人不忍心欺侮我，而不是因为畏惧我，所以才不敢欺侮我。

◎ 直播课堂

很多时候，别人不敢欺负我那是因为自己厉害，别人惧于威势，所以才不敢。可是"不忍欺我"，就是因自己品德高尚、待人诚恳，别人欺负

我会良心不安，所以才不忍。推而广之，要使大家不忍去欺负任何人，不仅是我而已，这就需要感化的功夫了。所谓"道之以政，齐之以刑，民免而无耻；道之以德，齐之以礼，有耻且格"，讲的就是这个道理。与其让人惧怕你，不如让人敬爱你；与其以威势刑名来压制人，不如以美德来感化人，让他们自内心发出亲爱别人的好意，这样我们的社会才会更加祥和。

幸福可在书中寻求，创家立于教子成材

◎ 我是主持人

什么人才善于建立家庭呢？应该是那些善于教育孩子的人吧！就像一个园丁，他的园子里种的树如果都长斜了、长歪了，花不开而杂草丛生，那他就不是一个好园丁。若是他种的每一棵树都俊秀挺拔，而且百花怒放，草儿碧绿，这才是一个好园丁。善于建立家庭的人也是如此，教育出来的都是好子弟，这些好子弟将来又创立许多好家庭，这岂不是善于创家吗？

◎ 原文

何谓享福之才，能读书者便是；何谓创家之人，能教子者便是。

◎ 注释

创家：建立家庭。

◎ 译文

什么叫作能享福的人呢？有书读且能从中得到慰藉的人就是。什么叫作善于建立家庭的人呢？能够教育出好子弟的人就是。

◎ 直播课堂

人间的享乐无数，而能得到内心真正的快乐，才算是有福气。许多人

并不明白什么叫快乐，常常误把刺激当作快乐，一旦外界的刺激消失了，自己的心灵反而更加空虚。作者认为，懂得读书的人才是真正的享福。书中有无限的天地，随时在等着你，全看你有没有一把"心灵之钥"可进入书的世界。有许多人一辈子也无法拥有这把钥匙，于是只好从外界去获取种种快乐，他的快乐掌握在别人的手上。能从书中得到喜悦的人随时都能打开书，聆听心灵的呼唤，这种人才是真正能享福的人。

教子勿溺爱，子堕莫弃绝

◎ 我是主持人

真正懂得爱子的人，是教子有方，而不是一味溺爱。因此在子弟还保持着纯朴的心时，要对他要求高些，使他养成刻苦自立的精神，这才是真爱。而溺爱会使他无法离开父母独立生存，这反倒害了他，到了放纵成习，便不好教育了。

◎ 原文

子弟天性未漓，教易入也，则体孔子之言以劳之（爱之能勿劳乎），勿溺爱以长其自肆之心。子弟习气已坏，教难行也，则守孟子之言以养之（中也养不中，才也养不才），勿轻弃以绝其自新之路。

◎ 注释

漓：浅薄，多指社会风气浮薄。自肆：自我放纵。

◎ 译文

当子弟的天性尚未受到社会恶习感染而变得浇漓时，教导他是不难的，因此，应以孔子"爱之能勿劳乎"的方式去教导他，而不要过分溺爱，增长了他自我放纵的心。当子弟习性已经败坏不易教导时，要依孟子"中也养不中，才也养不才"的方式教他，不要轻易地放弃，使他失去了自新的机会。

◎ **直播课堂**

"中也养不中，才也养不才"是指有合乎中道的父兄来教育子弟，使他归于中道；有才的教导无才的，使他自觉自发。子弟就如长偏的小树，要由父兄像修剪树木一般去矫治他，千万不要轻易放弃，使他任意生长，那就更要长偏斜了。就像少年管教所的孩子，只要耐心地教导，给他灌输正确的观念，仍有机会成为有用的人。

若成事业，不可无识

◎ **我是主持人**

人不可以无识，尤其是不可无正确的判断力。即使力量薄弱，无才能的人还是可以尽一己之力的。因此无论做什么事，先要把事情的真相弄清楚。如果什么都不明白便贸然地介入，鲜有不碍手脚、帮倒忙的。

◎ **原文**

忠实而无才，尚可立功，心志专一也；忠实而无识，必至偾事，意见多偏也。

◎ **注释**

偾事：败坏事情。

◎ **译文**

如果一个人尽心竭力，虽没有什么才能，只要专心致志在工作上，还是可以立下一些功劳。相反，如果一个人忠心卖力，却没有什么知识，必定会产生偏见，将事情弄砸。

◎ **直播课堂**

打个比方，要一只乌龟送信上山，虽然它爬得不快，只要方向正确，能专心致志地往上爬，迟早会将信送到山顶。但是如果它不认识路，甚至不知往山顶是向上爬，那么即使它再忠实可靠，再卖力地爬，也许一辈子也送不到这封信。

忠心是好事，但有许多事反被忠心弄坏了，这便是由于认识不清、不知什么是正确的方向导致的。

有时勿忘无时，踏实胜于侥幸

◎ 我是主持人

"人无远虑，必有近忧"，好花不会常开，好景不会常在。因此虽然人不在逆境中，但也要对未来可能发生的事作一些准备，才不至于事到临头，被击倒而不能爬起。

◎ 原文

人虽无艰难之时，却不可忘艰难之境；世虽有侥幸之事，断不可存侥幸之心。

◎ 注释

侥幸：意外获得。

◎ 译文

人即使处在顺利的环境中，也不可忘却人生还有逆境的存在。世上虽然偶然会有意外收获的例子，但是心中不可抱着不劳而获的想法。

◎ 直播课堂

说到侥幸，不免让人想起守株待兔的寓言。侥幸是偶然的，一个人心存侥幸便无法认真地做事，到最后只会像寓言中的农夫一样，到头来一无所获。既然是偶然，便不在人的掌握之中，而踏踏实实地努力绝对可以有所收获。偏偏有人一心想不劳而获，放掉手中掌握的钱，在路上寻找别人可能遗落的钱，这才是可悲的。

心静则明，品超斯远

◎ 我是主持人

品格高超的人，由于内心不受情欲爱恋的牵累，因此行事能如天马行空，没有阻碍。亦如不为天空羁留的云，偶化为雨，滋润人间花草树木，当它再由水化为云时，更不带走半点尘土。

◎ 原文

心静则明，水止乃能照物；品超斯远，云飞而不碍空。

◎ 注释

品超斯远：品格高超则能远离世事的纠缠。

◎ 译文

心里宁静则自然明澈，就像静止的水能倒映事物一般；品格高超便能远离物累，就像无云的天空能一览无遗一般。

◎ 直播课堂

心就像一个湖，所谓"寒潭过雁影，雁过影不留"，倘若雁过波兴，雁影便扭曲失真；又若雁过影留，那么后来再有别物掠过，终因雁影滞碍而不现。风就仿佛我们的七情六欲，影便如同外界的种种想象，如果心有所爱恋取舍，就无法见到万物的本相。当湖水混浊不堪、自见不明时，又何能照物呢？所以，首先要使自己的内心澄澈，不执着于一物，才能做到品格高远。

读书人贫乃顺境，种田人俭即丰年

◎ 我是主持人

节俭是良好的美德，种田人家不能保证年年都丰收，若是平常俭约而有所积蓄，即使年成歉收，亦能衣食无虞，岂非与丰年无异？倘若不能节俭，日日浪费，即使年年丰收，又何异于年年歉收？所以，开源节流，不要寅吃卯粮，那么用度永远都是充足的。

◎ 原文

清贫乃读书人顺境，节俭即种田人丰年。

◎ 注释

丰年：米谷收成丰盛的年头。

◎ 译文

对于读书人而言，清高而贫穷才是顺利的日子；而对于种田的人而言，只要省吃俭用，就是丰收的年头。

◎ 直播课堂

颜渊一箪食一瓢饮，犹不改其乐。真正的读书人并不以贫为苦，因为他们的心中仅有读书之乐。所谓清贫乃是读书人的顺境，倒不是赞美清贫，而是清贫不但足以养廉，亦足以养心，因为没有浮华奢靡之事来扰乱身心与道业。而为官与富贵有时反倒成为读书的障碍。因为为官事务繁冗，无暇读书充实自己；富贵则五欲充心，五声充耳，极易堕落了志气。

讲求正直，莫入浮华

◎ **我是主持人**

正直而迂拙，所怀抱的还是正直的心，根本上不同于那些只求变通而失正直的人，因此既不可笑，亦不可耻，因为这种人有一颗可敬的心。人若不能外圆内方，宁可外方内方，也不要外圆内也圆，一点立场都没有。

◎ **原文**

正而过则迂，直而过则拙，故迂拙之人，犹不失为正直。高或入于虚，华或入于浮，而虚浮之士，究难指为高华。

◎ **注释**

迂：不通世故，不切实际。

◎ **译文**

做人太过方正则容易不通世故，行事太过直率则显得有些笨拙，但这两种人还不失为正直的人。理想太高有时会成为空想，重视华美有时会成为不实，这两种人到底不能成为真正高明美好的人。

◎ **直播课堂**

任何想法总要以能实现为标准，若是不能实现，便是虚妄。能履行的想法有一定的步骤可以依循，而虚妄的想法则没有这种过程。这种想法即使再美妙、再高明，也只是空想，一无是处。人都喜欢光彩夺目的事物，但是如果因此而走向无意义的浮华，只重形式而不重内容，那么就失去了根本的精神，这种美便是空洞的美。真正的美是内涵外现而并非外加的。

无论是空洞的理想，还是虚浮的美，都是一种假象，无法带给我们真正美好的事物与发自内心的赞叹。

异端为背乎经常，邪说乃涉于虚诞

◎ 我是主持人

杨朱与墨子的学说被孟子斥为邪说，说杨朱无君，墨翟无父，殊不知，在我们身旁谬误荒诞的事物更多，而我们却受之而不察。

◎ 原文

人知佛老为异端，不知凡背乎经常者，皆异端也；人知杨墨为邪说，不知凡涉于虚诞者，皆邪说也。

◎ 注释

异端：不同于一般想法的学说或人。

◎ 译文

人们都认为佛家和老子的学说不同于儒家的正统思想，然而却不知凡是与常理有所不合的，都有背于儒家思想。人们都知道杨朱和墨子的学说是旁门左道，却不知只要内容荒诞虚妄的，都是不正确的学说。

◎ 直播课堂

异端的意思并不涉及正确与否，如伽利略的地动说，被当时教会斥为异端，但后来却获得科学的证明。佛老之说，一为宗教，一为思想，原是人们的自由选择与心证，而之所以被视为异端是因为不为社会既有形态及运行方式所接受。世人视佛教为异端，乃是见出世而寂灭，却不见入世而渡生。黄老之说，在汉初为极重要的养民之道，迥异于后世谈玄论虚者。事实上，真正的异端往往出于人心错误的认识，凡是不合乎当时人心正确之认知者，或是不能为人类带来和平幸福的事物，皆可视为异端。

亡羊尚可补牢，羡鱼何如结网

◎ 我是主持人

任何事只要去做，都没有太晚的时候，只怕无心去做，或是没有改进之心。晚做总比不做好，能改总比不改好。天无绝人之路，人之言晚言绝，乃是自晚自绝，与事无关。

◎ 原文

图功未晚，亡羊尚可补牢；浮慕无成，羡鱼何如结网。

◎ 注释

浮慕：表面上仰慕。

◎ 译文

想要有所成就，任何时候都不嫌晚，因为就算羊跑掉了，及早修补羊圈也是可以补救的。羡慕是没有用的，希望得到水中的鱼，不如尽快地结网。

◎ 直播课堂

许多人只看到他人的成功，而未看到他人的努力，只知羡慕嫉妒，而不知及早奋起，这是没出息的举动。人能及者，己亦能之，事在人为，就看有没有付出相当的努力。否则，徒然站在一旁看热闹，满腔羡慕亦是枉然。

道本足于身，境难足于心

◎ **我是主持人**

儒家讲人本来具有天生的良知良能，后天的功夫乃在于使这些良知良能不受到蒙蔽而显现出来。佛家讲人皆具有佛性，皆可以成佛，一切的修行乃在于使我们见到本来面目。后天的功夫以及修行容易让人产生错觉，好像是本来不足，所以才有所追求，其实无上的道理只会被蒙蔽，而不会缺少。

◎ **原文**

道本足于身，切实求来，则常若不足矣；**境难足于心**，尽行放下，则未有不足矣。

◎ **注释**

尽行：完全。

◎ **译文**

真理原本就存在我们的自性之中，充实而无所缺乏，如果还不断地追求，仍然会感到不足。外在的事物很难令人心中的欲念满足，倒不如全然放下，那么也就不会觉得不足了。

◎ **直播课堂**

禅宗《六祖坛经》中有一则神秀大师的偈语："身是菩提树，心如明镜台，时时勤拂拭，勿使惹尘埃。"事实上，镜本来是干净的，尘埃只是幻影而已，自以为不净而不断拂拭，才命名镜中尘埃。世人外求，乃是情欲放不下；坐禅求空，乃是法放不下。若能放下，外在情欲不能动，内也不求空寂，就如镜之洁净，一无所染，那么还有什么不充足的呢？

读书要下苦功，为人要有好处

◎ **我是主持人**

做大官、做大事都不容易，要治理一个郡县，没有相当的知识和学问，如何去推行政务呢？如果判断错误，不仅个人不能显达荣耀，还会误国扰民。

◎ **原文**

读书不下苦功，妄想显荣，岂有此理？为人全无好处，欲邀福庆，从何得来？

◎ **注释**

显荣：显达荣耀。

◎ **译文**

读书若没有下功夫苦读，却非分地想要显达荣耀，天下哪里有这种道理呢？做人对他人毫无好处，却妄想得到福分和喜事，问题是没有付出，这些福分根本无处生起，又能从哪里得来呢？

◎ **直播课堂**

一个人的显达多半是因为能力比他人强，而能力又由知识而来，既不能下功夫苦读，拓展自己的知识领域，又不能行万里路，增广自己的见闻，想要显达荣耀，纯属空谈。就以现代而论，社会上哪一个行业不需要知识？无知识而想要成大事立大业，只是痴人说梦罢了。

福庆并非凭空而来，任何事皆有因有果，无因而得果，断无是理。人间的福分，不外乎"自求多福"与"他求善福"两种，这两种是"常理"，其他则是"非常理"。

"自求多福"乃是端正其心，努力其事，心不妄求，自得其乐。"他求善福"则是与人为善，不与人为恶，因为助人而得人助。由此可见，无论就现世或非现世而言，福庆皆有原因，而非平白无故产生的。

有错即改为君子，有非无忌乃小人

◎ **我是主持人**
　　察觉是主动的。一个君子会主动地去反省他的思想和行为，只要有一毫偏差便能立刻觉察而加以改正，这就是君子之所以为君子之处。

◎ **原文**
　　才觉己有不是，便决意改图，此立志为君子也；明知人议其非，偏肆行无忌，此甘心为小人也。

◎ **注释**
　　改图：改变方向，变更计划。

◎ **译文**
　　刚觉得自己有什么地方做得不对，便毫不犹豫地改正，这就是立志成为一个正人君子的做法。明明知道有人在议论自己的缺点仍不反省改过，反而肆无忌惮地为所欲为，这便是自甘堕落的行为。

◎ **直播课堂**
　　"人议其非"，是其过错已显现于外，众人皆见其恶，自己不可能不见。然而犹肆无忌惮地胡作非为，这是明知故犯，只有自甘堕落的人才会如此。
　　我们说凡事要"慎始"，并不是仅指事情的开始要谨慎和避免犯错，而是指我们对心中的一念一想都要加以明辨。事之错可及人，心之错便损己。"一念可以上天堂，一念可能下地狱"，君子自觉改过，并不在于想上天堂或畏下地狱，而在于自己的良心，良心安者，即在地狱亦如天堂。小人之肆无忌惮，不仅为人鄙视，其良心已失，即在人间已沦为禽兽，莫说地狱正等着他去，他的心早已入地狱了。

交友淡如水，寿在静中存

◎ **我是主持人**

"淡中有真味"，"淡"与"真"是不可分的，不加任何调味料煮出来的菜才是真品。又如空气和水，无色无味，却是我们日常生活不可或缺的。而很刺激的东西都是反常、短暂的，如烟、酒，往往会给我们的身体带来伤害。

◎ **原文**

淡中交耐久，静里寿延长。

◎ **注释**

淡：指君子之交淡如水。

◎ **译文**

在平淡之中交往的朋友，往往能维持很久。而在平静中度日，寿命必定绵长。

◎ **直播课堂**

君子之交淡如水，如果只是为了刺激而结交朋友，往往不能长久，因为加了名利后，这个朋友所见的只有名利二字。真正的朋友就如空气和水一般，能使我们的心情和身体达到良好的状况。这种关系是不夹杂任何功利因素的，虽然平淡，但能长久。

静是指心灵之静。心和身是息息相关的，心静自然气平，百脉调合。所谓心静，便是不逐物、不为欲乱，所以就能延寿。然而身却要动，身动能使筋骨活络，然而这个动并不违背静的原则，因为心还是平静的，只是使身体不至于停滞，展现出生命力。

遇事必熟思审处，家事瑕隙须忍让

◎ 我是主持人

所谓"欲速则不达"，一件事情突然发生，必然不在我们的预料之内，亦非我们所能熟悉与掌握的。因此，若不明白它的因果而任意为之，很少不出差错。当明白它的因果而能力尚不足以为之，至少也要把损害降到最低点，绝不能毫不考虑地就去做。

◎ 原文

凡遇事物突来，必熟思审处，恐贻后悔；不幸家庭衅起，须忍让曲全，勿失旧欢。

◎ 注释

贻：留下。衅起：有了瑕隙。

◎ 译文

遇到突发的事情，一定要仔细地思考，慎重地处理，以免事后反悔；家中不幸起了瑕隙，必须尽量忍让、委曲求全，不要使过去的情感破坏无遗。

◎ 直播课堂

家庭是一个人最宝贵的东西，有什么争执会比自己的家人更重要的呢？争执是一时的，家庭却是长久的，我们忍心为了逞一时之快而把自己的家给打碎吗？众人在船上争执却将船弄翻，就算被人救起，船已不复存在。"退一步路，海阔天空"，家庭的事尤须如此。任何事皆有调和之道，和谐才是美。

聪明勿外散，脑体要兼营

◎ **我是主持人**

  耕读原本就不相妨碍，反而有相成之效。只耕不读，造成无识；只读不耕，造成文弱。耕以养身，读以养心，有耕有读，才是一个有心有力的人。

◎ **原文**

  聪明勿使外散，古人有纩以塞耳，旒以蔽目者矣；耕读何妨兼营，古人有出而负耒，入而横经者矣。

◎ **注释**

  纩：棉絮。旒：帽子前面下垂的饰带。负：扛着。耒：耕田用的农具。

◎ **译文**

  聪明的人要懂得收敛，古人曾有用棉花塞耳、以帽饰遮眼来掩饰自己的聪明的举动。耕种和读书可以兼顾，古人曾有日出扛着农具去耕作、日暮手执经书阅读的行为。

◎ **直播课堂**

  聪明岂在耳目？实在是在一个心啊！"纩以塞耳，旒以蔽目"，目的在于使心不为杂事所干扰，不把时间浪费在无意义的事上。聪明岂有因外散而失去的呢？聪明的人往往心志专一。

腹饱身暖人民所赐，学无长进有负人民

◎ 我是主持人

做人要常存感激之心，无灾无病，不冻不饥，便是幸福。如果在这种基础上，还不能力思上进、报答父母、反哺社会，岂不令人惭愧？

◎ 原文

身不饥寒，天未尝负我；学无长进，我何以对天。

◎ 注释

长进：增长进步。

◎ 译文

身体没有受到饥饿寒冷的痛苦，这是天不曾亏待我；若是我的学问无所增长进步，我有何颜面去面对天呢？

◎ 直播课堂

一个人在社会上成长，要感谢许多的人，自己的努力只占百分之一。因此，人从出生到卓然而立，只有欠人的，而没有人欠的，如果再为非作歹，真是枉生为人。尤其是读书人，所能贡献的便是他的学问和知识，如果尚不能在这方面下功夫，使学问增长进步，社会岂不是白养他了？更不要论那些以文乱德、混淆视听的人了。

勿与人争，唯求己知

◎ 我是主持人

事情的得失和名利的有无，都是短暂的，而智慧和能力的获取却是长久不变的。然而人们往往着重在小处，而忽略了大处。

◎ 原文

不与人争得失，唯求己有知能。

◎ 注释

唯：只要。知：智慧。

◎ 译文

不和他人去争夺名利上的成功，只求自己在做事时增长了智慧与能力。

◎ 直播课堂

一件事既已了结，其得失就不在成功与失败上，偏偏大多数人只注意这些已经不能更改的事实，甚至拼命去争夺，而失去了获得真正好处的机会。

聪明的人则不然，当他完成一件事后，首先会想到这件事给了我多少经验和教训。无论成功或失败，成功必有成功的理由可保存，失败必有失败的教训可记取，这才是弥足珍贵的。

依规做事要知规之所由，
做事遵章莫要依样画葫

◎ 我是主持人

傀儡是用线牵动的，只能登场唱几句词而没有自己的主见，它永远不能像活人一样具有生命和自然的表现。任何一种规矩都有其自然的弹性，能随外在环境的不同采取不同的处理方式。否则只能如同木偶一般没有生命力，徒具外壳而已。

◎ 原文

为人循矩度，而不见精神，则登场之傀儡也；做事守章程，而不知权变，则依样之葫芦也。

◎ 注释

矩度：规矩法度。傀儡：木偶。章程：书面制定的办事规则。权变：通权达变。

◎ 译文

如果为人只知依着规矩做事，而不知规矩的精神所在，那么就和戏台上的木偶没有两样；做事如果只知墨守成规，而不知通权达变，那么只不过是照样模仿罢了。

◎ 直播课堂

一个规矩的订立必有其意义存在，如果徒知规矩而不知本意，往往会将本意扭曲了。墨守成规也是如此。天下事纷纷扰扰，不是任何规则所能概括和适用的。只能在不失大原则的前提下去完成任务。有的人将大部分的时间用在反复讨论如何才能合于规则的会议上，事实上利用这些讨论时间早可将事情完成了。这就像照着葫芦画葫芦，叫他画个柿子就不会了。其实，真正懂得画法的人，有什么不能画的呢？

第六章
功到垂成，抑恶扬善

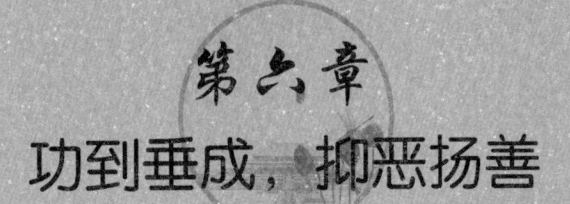

如果我们都选择了善，我们将生活在越来越和谐的环境里。即使有些人选择了恶，我们也还是应该选择当善良的人，以抑恶扬善为己任，尽可能帮助别人弃恶从善。

山水是文章化境，烟云乃富贵幻形

◎ 我是主持人

山水是实景，烟云是幻境，山水不移不变，烟云转瞬即逝。以现实的眼光来看，以山水比喻文章，以烟云比喻富贵，的确是指出了文章和富贵的本质。

◎ 原文

山水是文章化境，烟云乃富贵幻形。

◎ 注释

化境：变化之境。

◎ 译文

文章就如同山水一般，是幻化境界；而富贵就如同烟云一样，是虚无的影像。

◎ 直播课堂

就时间而言，美好的文章在数千年后仍能引起人们心灵的共鸣，就如山水一般千年不变。而富贵再长久，亦不过百年即烟消云散、垣残瓦摧。就空间而言，文章可以纳无尽的山水于一篇，使我们如临胜境、如历耳目。而富贵却只能给我们一方小小的空间，又须费力去维持，不像文章能让人徜徉其中、自得其乐，体会到其中无尽的智慧与生命的契机。所以，以山水比喻文章，以烟云比喻富贵，实在是恰到好处。

察伦常留心细微，化乡风道义为本

◎ **我是主持人**

伦是一种关系，一种相处之道。君臣、父子、夫妇、兄弟、朋友是五种人伦的关系。在现代，君臣则是指国家和个人而言。伦必须出之于内心，必须由细微处着手，所谓"诚于中而形于外"，虽有至诚，行之犹恐不及，或不尽合度，何况心有未诚，难免失之乖违。所以，细审内心之至诚，而外不失于细行，方可以和睦人伦而无所失。

◎ **原文**

郭林宗为人伦之鉴，多在细微处留心；王彦方化乡里之风，是从德义中立脚。

◎ **注释**

郭林宗：郭太，字林宗，东汉介休人。范滂谓其"隐不违亲，贞不绝俗；天子不得臣，诸侯不得友"。其生平好品题人物，而不为危言骇论，故党锢之祸得以独免。王彦方：王烈，东汉太原人，字彦方，平居以德行感化乡里，凡有争讼者，多趋而请教之，以判曲直。

◎ **译文**

郭太鉴察伦常的道理，往往在人们不易注意之处留意；而王烈教化乡里风气，总是以道德和正义为根本。

◎ **直播课堂**

德以立己，也以达人。教化一事，首先在己身足以为人师，己身之德足以感化人，己身之义足以教人育人。在王彦方的乡里，有一个人因盗牛被捕而说道："刑戮所甘，但勿使王彦方知之。"可见，王彦方之德已足以使盗匪深具惭心。因此，真正感化人的，不以口，而以行；不由外，而由内。

骗人如骗己，人苦我也苦

◎ **我是主持人**

　　天下没有真正的白痴，既然如此，有谁肯甘心受骗呢？又有谁会连续受骗呢？其实骗人的人才是真正的愚人，因为他已自绝于社会，自毁其人格信誉，甚至还要受到法律的制裁。若说世上有愚人，那么除了他还会是谁呢？

◎ **原文**

　　天下无憨人，岂可妄行欺诈；世上皆苦人，何能独享安闲。

◎ **注释**

　　憨人：愚笨的人。

◎ **译文**

　　天下没有真正的笨人，哪里可以任意地去欺侮诈骗他人呢？世上大部分人都在吃苦，我怎能独享闲适的生活呢？

◎ **直播课堂**

　　"世上皆苦人，何能独享安闲"，世间的苦，有身苦和心苦。鳏寡孤独病老饿死是身苦，而心苦则非身苦所能涵盖，且为一切痛苦的根源。人间种种苦难，无非起于人心的愚痴和贪欲。想到有许多人生活在痛苦中，谁又忍心独享奢华安适的生活呢？只要每个人少几分贪欲心、憎恨心、自私心，多几分同情心、亲善心、布施心，这个世界就会变得更和谐了。

弱者非弱，智者非智

◎ **我是主持人**

所谓"泥菩萨还有几分土性"，天下没有愿受人欺侮的人，懦弱的人在背后还会讲两句气话。真正打不还手、骂不还口的人，除去无知无觉的人不论之外，大概只有圣人和胸怀大志的人了。

◎ **原文**

甘受人欺，定非懦弱；自谓予智，终是糊涂。

◎ **注释**

懦弱：胆怯怕事。

◎ **译文**

甘愿受人欺侮的人，一定不是懦弱的人；自认为聪明的人，终究是糊涂的人。

◎ **直播课堂**

佛家的偈中曾云："有人骂老拙，老拙只说好；有人打老拙，老拙自睡倒；涕唾到面上，随他自干了；我也省力气，他也无烦恼。"这是何等的修为和胸襟，换了平常人，早就打得头破血流闹出人命了。至于韩信受胯下之辱全身而退，而不去做无意义的争斗，正是其大智大勇之处，他能成为汉朝的开国功臣岂是偶然？杨修若能在曹操面前装糊涂，也就不致招来杀身之祸了。

事实上，自谓聪明的人往往见不到自己的糊涂处，因为他太过自信；而自谓糊涂的人往往比那些自称聪明的人要聪明得多，因为他们看得到自己的糊涂处。

功德文章传后世，史官记载忠与奸

◎ **我是主持人**

　　一个人的富贵显荣仅及于身，而功德文章却能泽及后世。仅及于身的事，即使再显达也不过是一种小把戏，于他人而言与草木何异？因此一个人的价值并不在于富贵显荣，而在于生是否益于世，死是否教于后。中山之生，解三千年之桎梏；孔子之教，开后世平民教育之先声，诚然生命的价值在此而不在彼。

◎ **原文**

　　漫夸富贵显荣，功德文章，要可传诸后世；任教声名煊赫，人品心术，不能瞒过史官。

◎ **注释**

　　漫夸：胡乱地夸大。煊赫：盛大显赫。

◎ **译文**

　　只知夸耀财富和地位，也该有值得留于后代的功业或文章才是。尽管声名显赫，个人的品行和居心是无法欺骗记载历史的史官的。

◎ **直播课堂**

　　秦始皇之为帝，声威岂不煊赫？并六国，焚书坑儒，杀人无数，其暴虐岂能逃过史官之笔？声威不过一时，逾时而消；史笔所载千古，无人能瞒。活时能阻悠悠众口，死后又岂能挡千夫所指？声威是外在的，人品心术是内在的，即便王莽虚伪过人，亦见真章；即周公死于辅政之时，心不难明。

目闭可养心，口合以防祸

◎ 我是主持人

　　天下有些事看得，有些事看了徒然扰乱我们的心，这个时候倒不如把眼闭上来得清静些。开眼看外界，要能见人所不能见；闭眼是看心灵，要见自身种种缺失。这些就已经够费神了，哪还有精神去接受五光十色，徒乱心思呢？

◎ 原文

　　神传于目，而目则有胞，闭之可以养神也；祸出于口，而口则有唇，阖之可以防祸也。

◎ 注释

　　胞：上下眼皮。

◎ 译文

　　人的精神往往由眼睛来传达，而眼睛有上下眼皮，合起来可以养精神。祸事往往由说话造成，而嘴巴明明有两片嘴唇，闭起来就可以避免闯祸。

◎ 直播课堂

　　嘴可以为福为祸。该讲的话张嘴便是福，不该讲的话闭嘴便是福，该讲的不讲，不该讲的却讲，那便是祸了。言所以传心，该讲不该讲，要由自己的心来判断。

富贵人家多败子，贫穷子弟多成材

◎ 我是主持人

　　富家人教育孩子，不如平常人家来得容易。因为富家人过惯骄奢的生活，一来子孙并不觉得读书有什么用；二来外界的引诱多，一旦染上坏习惯，要他读书简直比登天还难。尤其以为富贵是长久的人，认为子孙只要衣食无缺便够了，殊不知，这样只养活他的身体，却闷死了他的心灵。所以，富贵人家多败子，这和其对教育的态度很有关系。

◎ 原文

　　富家惯习骄奢，最难教子；寒士欲谋生活，还是读书。

◎ 注释

　　寒士：贫穷的读书人。

◎ 译文

　　有钱人习惯奢华自大，要教好孩子便成为困难的事；贫穷的读书人想要讨生活，还是要靠读书。

◎ 直播课堂

　　读书人往往是穷的，因为他不妄求非分之财，不愿用正当的手段去获取金钱。然而读书人的穷只限于开始，因为书读了是要用的，在用的过程中自然能挣得一己酬劳。尤其现在是重知识的社会，知识就是力量，书读得愈好的人，往往生活也过得愈好，因为他所能付出的愈多。在现代社会，只要有真正的内涵，迟早总会成功的，就怕没有内涵，成功也不长久。

苟且不能振，庸俗不可医

◎ 我是主持人

苟且是一种怠惰的心，这和生命到了一种境界对某些无意义的事情不去计较是不一样的。它是一种生命的浪费，而不计较无意义的事则是生命的精进，两者是不可相提并论的。苟且又是一种生命的低能，因为他活在生命最差的糟粕之中而不知改进。在苟且当中，我们可以断定一个人生命境界的低落与生命价值的丧失。

◎ 原文

人犯一苟字，便不能振；人犯一俗字，便不可医。

◎ 注释

苟：随便。

◎ 译文

人只要有了随便的毛病，这个人便无法振作了。一个人的心性只要流于俗气，就是用药也救不了了。

◎ 直播课堂

所谓俗，指一个人精神的境界不高，甚至无精神生活可言。人活在世上，除了物质生活还有精神生活，然而许多人却只活了一半。只活一半的人，其精神生活是空洞的，这不是由别人或是用医药可以治的，必须由他自己的内心去觉醒，去发出要求。物质生活是人类与动物所共有的，唯有精神生活是动物缺乏的，然而许多人却只知追求物质生活而舍弃精神生活，活得像动物而不像人。

志不立则功不成，错不纠终遗大祸

◎ **我是主持人**

爱之能勿责乎？所谓"爱之深，责之切"，无论对人对事都是如此。所以，古代的君主要有谏臣，因为国家大事稍有差池便足以酿成巨祸。而一般人在待人处世乃至于教育子女上也是如此，切不可碍于情面或疼爱子女而不言，要知道星星之火可以燎原，船微裂而不补必至沉溺。要完美就要指出缺点，要毁坏便隐忍不言。为人子女以及父母者不妨三思。

◎ **原文**

有不可及之志，必有不可及之功；有不忍言之心，必有不忍言之祸。

◎ **注释**

不忍言：发现错误而不忍去指责、纠正。

◎ **译文**

一个人有旁人所不能及的志向，必然能建立旁人所不能及的功业。对人对事若发现错误而不忍心去指责、纠正，那么必然会因为不忍心去说而造成祸害。

◎ **直播课堂**

同样是立志，也有大小之分。就像是登山，有的人发愿要登上最高的山，有的人却只想攀上丘陵。登高山固然辛苦，只要坚持到底，必能如愿，那种"一览众山小"的境界，岂是登上丘陵的人所能了解的？有些人怕自己达不到目标，所以选择了小志。其实，许多事不去做根本不知道自己做不做得到，何况人的潜力是开发出来的，现在不能，将来在面对问题时未必不能。所以，在拿破仑的字典中没有"不可能"这三个字，这是他给自己的信心和期许。

退让一步难处易处，功到将成切莫放松

◎ 我是主持人

"为山九仞，功亏一篑"倒还无妨，只要提起劲儿，再补上一篑，山总是在那儿等着你。但有些事却未必会一直在那儿等你，因此，一件事愈是接近成功时，愈不能放松，否则"一子之失，全盘皆输"。军旅之事，尤其如此。

◎ 原文

事当难处之时，只让退一步，便容易处矣；功到将成之候，若放松一着，便不能成矣。

◎ 注释

难处：难以处理。

◎ 译文

事情遇到了困难，只要能够退一步想，便不难处理了。一件事将要成功之时，只要稍有懈怠疏忽，便不能成功了。

◎ 直播课堂

一件事之所以难以处理，有人和事两种原因。人的原因是意见不能协调，各执己见。这时如果大家能就事情本身的最大利益去看，事情就不难解决了。就事的方面来看，有时难以解决并不是真正的困难，而是把事情的解决之途想偏了，钻到死巷子去了。这时只要从巷子里退出来，便能发现其他可以到达目的地的路。

任何事情的成功，都有它的时机。然而时机并不长久，一旦失去了便不复得。就像我们要搭飞机，一定要先买机票到机场，最后才能坐飞机到达目的地。如果我们不小心睡着了，错过了起飞的时间，那么便搭不上这

班飞机了,但是总还有下一班。然而成功的时机却稍纵即逝,未必有下一班。

无学为贫无耻为贱,无述为夭无德为孤

◎ **我是主持人**

　　人的生命并不在寿命的长短。颜渊早死,至今尤为人称道而尊为"复圣"。古来人瑞多矣,但是生无益于时,死无闻于后,虽生犹死。若颜渊者,可说已活数千年而不为过。司马迁著《史记》,千古学人无不神往,这才叫长寿。而有子无德,子亦弃之而去;有德无子,非其子亦亲近爱戴,所以说无子非孤,无德乃孤。

◎ **原文**

　　无财非贫,无学乃为贫;无位非贱,无耻乃为贱;无年非夭,无述乃为夭;无子非孤,无德乃为孤。

◎ **注释**

　　夭:短命夭折。孤:老而无子。

◎ **译文**

　　没有钱财不算贫穷,没有学问才是真正的贫穷;没有地位不算卑下,没有羞耻心才是真正的卑下;活不长久不算短命,没有值得称述的事才算短命;没有儿子不算孤独,没有道德才是真正的孤独。

◎ **直播课堂**

　　人的富有在于心满足,心不满足,即使富可敌国亦是贫困,由此可见,钱财并不能代表一个人的贫富。没有学问的人,由于缺乏心灵世界,即使拥有充裕的物质世界也不会感到满足。贱是无价值的意思;耻是一种人格,一种心的尊贵。无耻之人心地低贱,世上有许多居高位的人较平常

人更无价值，因为他无耻，反倒是一些没有地位的人却能做出高贵的行为。

知过能改圣人之徒，抑恶扬善君子之德

◎ **我是主持人**

"知过能改"要从两方面来谈，一是知过，一是能改。世人大多自以为是，鲜有自我反省的。在自我反省当中，知道什么是对，才能发现自己的错，而加以改正。改错则需要勇气，甚至毅力。有些人好面子，不肯承认自己的错误。又有些人积习已久，不肯下决心去改，或改之又犯，这都不能算改。因此，"知过能改"并不是一件简单的事。有些人小过能改，大过却不能改；有些人易改的改，不易改的就不改。所以，能做到凡过必知、凡错能改的人是少之又少。

◎ **原文**

知过能改，便是圣人之徒；恶恶太严，终为君子之病。

◎ **注释**

恶恶：前"恶"作动词解，指厌恶；后"恶"作名词解，指恶事恶人。严：激烈。

◎ **译文**

能知道自己的过错而加以改正，那么便是圣人的门徒；攻击恶人太过严厉，终会成为君子的过失。

◎ **直播课堂**

"攻人之恶，毋太严，要思其堪受；教人以善，毋过高，当使其可从。"君子教人，不当以攻为能事，而当以改为目的。恶人恶事，因为君子所不容，然而总要思其因，或为是非不明，或为本性蒙蔽，才会如此。

若让一恶人自觉其非而改之,即是成就一善人。人皆有善性,君子教导恶人,更要善加诱导,徒事攻击只会增其偏执,终非社会之福,这便是君子之过而非君子之德了。

诗书传家久,孝悌立根基

◎ 我是主持人

只有知识而情趣不足,则生活无趣;只有情趣而知识不足,则无法服务社会,二者以并重为佳。《诗经》是生活的记载,《书经》是历史的记录,前者属生活的情趣,后者为知识的累积,所以古人将《诗》《书》列于经书之道,视为必读的课业。孔子说:"诗三百,一言以蔽之,曰:'思无邪'。"人性本善,无邪即是善。安身立命之本在于扬善弃恶,《诗》既无邪,《书》亦无邪,故能成为读书人处世的根本。

◎ 原文

士必以诗书为性命,人须从孝悌立根基。

◎ 注释

性命:安身立命的根本。

◎ 译文

读书人必须以诗书作为安身立命的根本,为人要从孝悌上打下基础。

◎ 直播课堂

孝是"顺事父母",悌是"友于兄弟"。能顺事父母则为人必不致违法犯纪,重恩而不背信;能友于兄弟,则为人必善与人处,重义而不忘本。将孝字推广为敬事一切可敬者,将悌字推广为爱护一切可爱者。做人由最基本的孝悌做起,自然能逐渐达到"老吾老以及人之老,幼吾幼以及人之幼"的境界。

德泽太薄好事未必是好，
天道最公苦心不负苦心

◎ 我是主持人

好事降临，如果己身之德不及，且于他人无恩，则未必真是好事，可能在背后隐藏着什么祸苗。因为事起无由，若坦然接受，很可能牵连入祸事中。一个有自知之明的人，在面对突如其来的好运时，往往会自问到底有何德而能居之？如果找不出理由，则不免惶恐，因为是福是祸尚且不明，哪里还敢以此自矜呢？

◎ 原文

德泽太薄，家有好事，未必是好事，得意者何可自矜；天道最公，人能苦心，断不负苦心，为善者须当自信。

◎ 注释

德泽：自身的品德和对他人的恩泽。自矜：自以为了不起。

◎ 译文

自身的品德不高，恩泽不厚，即使家中有好事降临，未必真是幸运，得意的人哪里可以自认为了不起呢？上天是最公平的，人能尽心尽力，一定不会白费，做好事的人尤其要有自信。

◎ 直播课堂

天道无非一个"理"字。虽说人事无定，是一个变数，然而也正因为它是一个变数，才可以改变和掌握。一件事的开始，尤其是行善，往往条件不足。然而事在人为，只要能下苦心，事情总会办成功的。为善最怕没有信心，任何事情的成功都有其阻碍，没有信心怎么会成功呢？连武训那样的乞丐都能够兴办学校，天下还有什么善事不可为呢？只怕没有这个苦心啊！

自大不能长进，自卑不能振兴

◎ 我是主持人

人的眼光要常向下看，才能发现自己并不是最低的；人的眼光也要常往上看，才会发现自己并不是最高的。人更要看到自己有两只脚，无论现在是高是低，总是可以再往上爬，如此才会永远进步，生命的境界才会更趋完美。

◎ 原文

把自己太看高了，便不能长进；把自己太看低了，便不能振兴。

◎ 注释

振兴：振作兴起。

◎ 译文

若将自己评估得过高，便不会再求进步；而把自己估得太低，便会失去振作的信心。

◎ 直播课堂

有的人自大狂，有的人自卑，这些都是虚像，人应该在一种不卑不亢的心境中求进步。一个人只要有一颗向上的心，他永远可以和其他人在平等的地位上前进，因为他的本质和其他人是相同的，甚至比其他人更要令人嘉许。

没有任何事情是真正值得自卑的，也没有任何事情是真正值得自负的。圣人尚且不轻初学者，初学者又何必自卑自惭？该卑惭的是无心上进者，这种人永远不能自振自兴；该卑惭的是自以为足者，这种人永远无法更进一步。

没有登不上的高山，没有下不去的深谷。把自己看得过高，无非是自己骗自己；把自己看得过低，无非是画地为牢。

有为之士不轻为，好事之人非晓事

◎ 我是主持人

乡里那些好事之徒，有时争论的只是一些鸡毛蒜皮的小事，未必懂得真理所在，眼光亦未及于国家社会。他们之所以好事，乃是因为所为皆是小事，而小事易为，所以，轻易便可去做。宝珠一颗难求，尘沙万斛易得。有为之士莫不在有生之年求其可为之事，当然不像乡里好事之徒逐尘沙而自喜。

◎ 原文

古今有为之士，皆不轻为之士，乡党好事之人，必非晓事之人。

◎ 注释

乡党：乡里。晓事：明达事理。

◎ 译文

自古以来，凡有所作为的人绝不是那种轻率答应事情的人。在乡里中，凡是好管闲事的人往往是什么事都不甚明白的人。

◎ 直播课堂

"有为"和"不轻为"是一体的两面，这和君子重然诺、不轻易答应事情，凡答应的事一定做到是相似的道理。"不轻为"可解释为不轻易答应一件事，或者不轻易去做一件事。一件事的成功，必定要经过事先的观察、周详的计划和不懈的实行。如果贸然答应别人而未考虑自己的能力，到时无法履行，岂不失信于人？同时，事有大小轻重，生命有限，若将生命花在无足轻重的事上，这岂是有为之士应有的态度？

为善受累勿因噎废食，
讳言有过乃讳疾忌医

◎ 我是主持人

善事本不易为，必须付出心力和劳力。他人有阻碍而你去帮助，即是以你的双手双肩帮他搬去这个阻碍。你会感到有些疲累，或者因这阻碍太重而弄伤了自己。如果竟然因此而不再为善，那实在是不明白为善的本意。

◎ 原文

偶缘为善受累，遂无意为善，是因噎废食也；明识有过当规，却讳言有过，是讳疾忌医也。

◎ 注释

缘：因。噎：食物鲠在喉咙。当规：应当纠正。讳疾忌医：对疾病有所忌讳，不愿让人知道而不肯就医。

◎ 译文

偶尔因为做善事受到连累便不再行善，这就好比曾被食物鲠在喉咙从此不再进食一般。明明知道有过失应当纠正，却因忌讳而不肯承认，这就如同生病怕人知道而不肯去看医生一样。

◎ 直播课堂

有人为善而遭到恶人攻击，因为恶人本身就是阻碍，所以，他的攻击也是很正常的事。因此为善之初就应该明了这一点，才能有足够的勇气和心情去做善事。行本无所求，当自己解决了别人的困难时，自己不也很高兴吗？即使因此而感到疲累也是值得的。

有些人得了病，不愿去看医生而终致死。过失和疾病一样，如果不加以改正，任它存在扩大，严重时会导致身败名裂，使事情无法进行。星星之火可以燎原，拇指之疾可以致命。任何过失一定要面对它、解决它，使它不再继续危害我们的身心。天下没有不能面对的事，就怕自己不敢面对；天下也没有不能改过的错误，就怕自己不下决心去改。

宾入幕中皆同志，客登座上无佞人

◎ 我是主持人

近朱者赤，近墨者黑。我们想要交朋友的人，一定是志向远大、品性优良、竭尽忠诚的人。这样的朋友不仅能帮助自己，还能体现自己也是一个高尚的人。

◎ 原文

宾入幕中，皆沥胆披肝之士；客登座上，无焦头烂额之人。

◎ 注释

宾入幕中：被允许参与事情的计划并提供意见的人，又为纳入心中的朋友。沥胆披肝：比喻竭尽忠诚。

◎ 译文

凡被自己视为可信任的朋友而与之商量事情的人，一定是与自己能相互竭尽忠诚的人。能够被自己当做朋友，在心中有一席之地的人，必然不是一个言行有缺失的人。

◎ 直播课堂

"入幕之宾"四字，常用以形容极亲近的朋友。既为亲近的朋友，必定无话不谈、无事不知，可以推心置腹。"宾入幕中，皆沥胆披肝之士"，表示能够引为知己、肝胆相照的朋友，一定是相互能竭诚尽忠的朋友，否则便不足以为知己。反过来说，即是"惟沥胆披肝之士，方足为入幕之宾"。"幕"是幕僚的意思，就谋事言，凡是参与计划、决策的人，岂能不竭诚尽忠的？

种田要尽力，读书要专心

◎ 我是主持人

种田必须充分利用土地，发挥全部的人力，人生又何尝不是如此？生命原本是一块田地，就看你如何去发挥它的效用；倘若偷懒不去耕种，它便是一块荒地；倘若种下香草，收成的便是香草；反之，种下蒺藜，收成的便是蒺藜。如何利用有限的土地得到最高的收获，正如同以有限的生命去完成最有价值的事情是一样的道理，而其要言就在"地无余利，人无余力"这两句话上。

◎ 原文

地无余利，人无余力，是种田两句要言；心不外驰，气不久浮，是读书两句真诀。

◎ 注释

要言：重要而谨记的话。真诀：真实而不变的秘诀。

◎ 译文

地要竭尽所用，不能浪费；人要全力耕种，不可偷懒，这是种田要谨记的两句话。心要不向外奔，气要不向外散，这是读书的两句诀窍。

◎ 直播课堂

读书首重专心，不好高骛远，沉住气，定着心，才可能通达。如果读书时一心以为鸿鹄之志将至，哪里还能专心读书呢？或是读书时，没有沉住气将一篇文章好好看完，才看几个字就要看窗外，再看几个字又想去逛街，这样又怎能将书读好呢？就像种花种了没两天就要移到别处，隔两天又要换其他品种，如此反反复复，最后没有一种花种得成。

要造就人才，勿暴殄天物

◎ **我是主持人**

　　长辈浪费财物，必使儿孙过着贫困的日子。一方面，他本身不知爱惜东西，将财物任意挥霍掉，如何还能余留给子孙呢？另一方面，子孙一旦沾染上他的恶习，再富又岂能挥霍三代呢？三代之后贫苦可知，若说是报应亦无不可。全不想"朱门酒肉臭，路有冻死骨"，天下尽多可怜人，岂忍浪费财物？贤人一粒米掉在地上都要拾起来洗净再食。因此，爱惜物力也是体恤穷人。

◎ **原文**

　　成就人才，即是栽培子弟；暴殄天物，自应折磨儿孙。

◎ **注释**

　　暴殄天物：不知爱惜物力，任意浪费东西。

◎ **译文**

　　培植有才能的人，使他有所成就，就是教育培养自己的子弟。不知爱惜物力而任意浪费东西，自然使儿孙未来受苦受难。

◎ **直播课堂**

　　人才得之不易，需要后天的教育和培养。有的人天生禀赋良好，却得不到良好的教育，进而荒废了他的才能，这是十分可惜的。自己的儿孙有时不见得资质卓越，若是能将花在自己子弟身上的心力兼及一些有才而无良好环境的晚辈，将来成功的也许反倒是这些禀赋好的孩子。所谓种树的未必乘凉，然而看到树卓然长成，有许多人在底下乘凉，不也是很愉快的事吗？

第七章
齐家修身，涵养性情

道家、儒家、墨家都讲修身，但内容不尽相同。儒家自孔子开始，就十分重视修身，并把它作为教育"八目"之一。儒家的修身，主要是忠恕之道和三纲五常，他们认为修身是本，齐家、治国、平天下是末；道家的修身要求做到顺应自然；墨子则要求做到"志功合"，兴利除害、平天下。

和气以迎人平情以应物，师古相期许守志待时机

◎ 我是主持人

与人交往，若能保持和气，可以避免许多不愉快的事发生。在平和的心情下，不论言语和行为，都不会有过分之处，处处给人亲切的感觉，自己也会因此办事顺利而心胸开阔。因此，一个"和"字掌握得好，便得一种绝妙的交往方式。

◎ 原文

和气迎人，平情应物。抗心希古，藏器待时。

◎ 注释

抗心希古：心志高亢，以古人自相期许。器：指才华。藏器待时：怀才以待见用。

◎ 译文

以祥和的态度去和人交往，以平等的心情去应对事物。以古人的高尚心志自相期许，守住自己的才能以等待可用的时机。

◎ 直播课堂

我们在应对事物时，要以公正平等的心去看一切，而不要抱成见，如果自己的心先不平，判断事物就会不正。即使事情不顺遂，或是遭人议论，自己仍然要保持公正和平静。因为心情平静才能看清事情，如果心情一乱，事情也会跟着混乱起来。

我们还要学习古人的高尚志节，以"古人能，为何我不能"来质问自己。其实，今日的环境未必比古时恶劣，只是今人较古人不能坚守道理。

一个人的才能要能守、能藏，非其时不用。乱世有许多高人隐士即是

此理，若迫于奸人之下，岂不是助纣为虐？有才能者如和氏璧，终有成为宝器的一天，怕只怕没有真才，再好的时机也是枉然。

今日且坐矮板凳，明天定是好光阴

◎ 我是主持人

你可曾记得何时坐过矮板凳吗？对了，那就是童年。那是一段发光的日子，一段不知"梦里花儿落多少"的日子，时光好像就在无忧无虑中偷偷溜走了。人生中有多少这种美好的时光呢？在生命中，我们经常会遇到些美好的事物，那时不妨也如儿时一般坐在矮板凳上，暂时驻足欣赏吧！

◎ 原文

矮板凳，且坐着；好光阴，莫错过。

◎ 注释

且：暂且。

◎ 译文

这小小的板凳，暂且坐着吧！人有许多美好的时光，不要让它偷偷溜走了呀！

◎ 直播课堂

生命甚短暂，处世如大梦。有道是："一切有为法，如梦、幻、泡、影，如露亦如电，应作如是观。"许多事不必太执着、太想不开，一切只求尽其在我。时光很宝贵，如何使世上的每一个人都放弃争斗心和苦恼心，使人人过着美好的日子，这才是最重要的。

苟无良心则去禽兽不远

◎ **我是主持人**

孟子说人性本善，并指出人有恻隐之心、羞恶之心、恭敬之心和是非之心，又说"人之所不学而能者，其良能也；所不虑而知者，其良知也"。这些都不须向外求取，而是本来就有的，所谓"求则得之，舍则失之"。禽兽是无恻隐、无羞恶、无恭敬、无是非的，如果一个人无恻隐、羞恶、恭敬、是非这四种人性的基本良知良能，自然和禽兽没有两样。

◎ **原文**

天地生人，都有一个良心；苟丧此良心，则其去禽兽不远矣。圣贤教人，总是一条正路；若舍此正路，则常行荆棘中矣。

◎ **注释**

苟：如果。去：离开。荆棘：困难的境地。

◎ **译文**

人生于天地之间，都有天赋的良知良能，如果失去了它，就和禽兽无异。圣贤教导众人，总会指出一条平坦的大道，如果放弃这条路，就会走在困难的境地中。

◎ **直播课堂**

圣贤教导了我们很多事情，以仁、义、礼、智、信五点来说，便是做人的基本原则，如果依着这五点去做会事事顺利、前途平坦。反之，如果违背了这些原则，则会处处碰壁、招人唾弃，有如走在荆棘中，不但会把自己刺伤，而且可能无路可走。

先天下之忧而忧，后天下之乐而乐

◎ 我是主持人

范文正公在《岳阳楼记》中曾说道："先天下之忧而忧，后天下之乐而乐。"由此可知小民之乐固易得，圣贤之忧实难去。一个人心中的悲悯愈深，全天下的人愈能得到安乐，自身才能得到安乐。因为他实在是以天下人之乐为乐，天下人之苦为苦。

◎ 原文

世之言乐者，但曰读书乐，田家乐。可知务本业者，其境常安。古之言忧者，必曰天下忧，廊庙忧。可知当大任者，其心良苦。

◎ 注释

廊庙：朝廷。

◎ 译文

世人说到快乐之事，都只说读书的快乐和田园生活的快乐，由此可知只要在自己本行工作中努力，便是最安乐的境地。古人说到忧心之处，一定都是忧天下苍生疾苦以及忧朝廷政事不明，由此可知身负重任的人真是用心甚苦。

◎ 直播课堂

所谓本业，就是自己所从事的工作。一件事之乐与不乐，往往在于本身是否安于这件事上。而"安乐"二字，有如树之根本，由于根本在土中，树身才能茁壮地成长，又由于根部不断地输送水分和养分，树才长出甜美的果实。树就像一个人的工作，根就是一个人的安乐，养分和水分则是加诸于工作上的努力，而结成的果实便是从工作中所得到的快乐。如果树根不吸收及输送养分，树干便要枯死，更别提能结出快乐的果实了。

人欲死天亦难救，人求福唯有自己

◎ **我是主持人**

生命是可贵的，然而却有人因为小小的困难而轻易地走向自杀之途。天地间万物生生不息，可见天也乐见生而不乐见死。为情、为财而死的人无比愚痴，也可说是最可怜的人。因为他们不知道生命真正的价值所在，把自己的生命委诸于外在的事物上。这种人其实未自杀之前精神早已死了，因为他早已不是自己的主人，情、财才是他的主人。

◎ **原文**

天虽好生，亦难救求死之人；人能造福，即可邀悔祸之天。

◎ **注释**

好生：即上天乐见万物之生，而不乐见万物之死。悔祸：不愿再有祸乱。

◎ **译文**

上天虽然希望万物都充满生机，却也无法拯救那种一心不想活的人。人如果能自求多福，就可使原本将要发生的灾祸不发生，就像得到了上天的赦免一般。

◎ **直播课堂**

那种为了逃避烦恼而把生命割让给烦恼的人是最可悲的，没有任何烦恼是不能放下的，没有任何结是不能解的。抛弃了一切，你还有生命，如果抛弃了生命，就什么都没有了。死要死得其所，慷慨赴义、为国捐躯的人便死得其所，因为他们知道死的意义，也知道生的意义。

福祸往往由人自取，明知为祸而不知趋避，天也救不得；已晓为福而自然去做，或可因善而减免此祸。福祸在天道，天道即在人心，欲得福免祸，唯有由自心中去反省，去自求多福。天道福善祸恶，并非谶语算卜之词，而是事物运作之法则。善本是福路，恶则为祸苗，人事本是如此，福祸在人而不在天。

薄族者必无好儿孙，恃力者忽逢真敌手

◎ 我是主持人

　　如果连自己的亲戚族人都要苛刻对待的人，可见此人心胸狭窄，毫无爱心，这种人对社会不可能有所贡献，他所教育出来的儿孙，也难以有善心。老师是启蒙的人，如果连师长都不知尊敬，则是鄙视知识学问，这种人的子弟还会好好求学成为有用的人吗？多半是不学无术之徒。

◎ 原文

　　薄族者，必无好儿孙；薄师者，必无佳子弟，君所见亦多矣。恃力者，忽逢真敌手；恃势者，忽逢大对头，人所料不及也。

◎ 注释

　　薄族：刻薄对待族人。薄师：不尊重师长。恃力：仗力欺人。恃势：倚势压人。

◎ 译文

　　苛待族人的人，必定没有好的后代；不尊重师长的人，不会有优秀的子弟，这种情形见过许多了。以为自己力气大，而以力欺人的，必会遇上比他力气更大的人；而凭仗权势压迫他人的人，也会遇到足以压过他的人。这都是人想不到的事。

◎ 直播课堂

　　俗语说："恶人还有恶人磨。"又云："一山还比一山高。"倚仗力气和权势的，难道没有比他更有力气和权势的吗？树太高了还要遭到雷击呢！挡在路上的树还怕没人砍它吗？事实上，狗不挡路人还不去踢它，老虎吃

人还有人要杀它,恃力仗势忽逢真敌手或是大对头,哪里会是偶然的呢?

为学不外静敬,教人先去骄惰

◎ 我是主持人

学问之道深矣!远矣!《大学》之中有谓:"知止而后有定,定而后能静,静而后能安,安而后能虑,虑而后能得。"由此可知求学要有所得,一定要先静下心来,然后才能安、能虑、能得。

◎ 原文

为学不外静敬二字,教人先去骄惰二字。

◎ 注释

教人:教导他人。

◎ 译文

求学问不外乎"静"和"敬"两个字。教导他人,首先要让他去掉"骄"和"惰"两个毛病。

◎ 直播课堂

至于"敬"字,不仅是做人之道,也是为学之道。做任何事,首先要保持一颗恭敬之心。对学问而言更是如此,若是不抱着一颗恭敬的心去学它,所学就不会认真,也不会谨严,自然就不会有收获,可见"敬"字多么重要。

因此在教导他人时,若要让对方学到真东西,首先要除去他的骄慢心和怠惰心。因为骄慢则无法再有所进步,怠惰则无法再学习,若不能除去骄慢心和怠惰心,那么教什么都不可能学好。所以,无论学什么,首先要谦虚,承认自己的不懂,接着要勤奋地下功夫学习,如此才会令教者喜欢、学者有得。

知己乃知音，读书为有用

◎ **我是主持人**

　　人生难得一个知己，伯牙碎琴，岂是偶然？每一个人的心灵都是一张琴，虽然粗糙精致各不相同，然而无论是"下里巴人"或是"阳春白雪"，总会有人听它。能得知己是幸运的，许多事不必说他就知道，他娴熟你心灵的每一根弦，在你弹出第一个音符时，他已能知道全部。然而，他的心灵曲调你是否也能完全契合呢？你是否会突然弹出俚曲巷词，使得一直以为你是"阳春白雪"的他感到难堪呢？知己的目的在于使彼此的心灵相互提升，使彼此的生命互相成长，要像花树的攀条对望，而不要像荆棘的利刺相插，这样才无愧于心。

◎ **原文**

　　人得一知己，须对知己而无惭；士既多读书，必求读书而有用。

◎ **注释**

　　无惭：没有愧疚之处。

◎ **译文**

　　人难得一个知己，在面对知己时应该毫无可惭愧之处；读书人既然读了很多书，总要将学问用之于世，才不枉然。

◎ **直播课堂**

　　读书固然是一种快乐，然而最重要的还是利用它来服务社会、造福人类。而用则要用得其所，若是用之不当，反倒不如毫无学问来得干净。若是已读书，而又有一份耿直的心，则应力求贡献社会，否则弃置不用实在可惜！社会能够进步，最重要的就在"人尽其才"。

以直道教人，以诚心待人

◎ **我是主持人**

我们以诚挚的心对待他人，如果事情容易解释，而对方又是明理的人，尽可向对方说明。即使对方始终不能谅解，但是至少自己无愧于心。

◎ **原文**

以直道教人，人即不从，而自反无愧，切勿曲以求容也；以诚心待人，人或不谅，而历久自明，不必急于求白也。

◎ **注释**

直道：正直的道理。自反：自我反省。求白：求说明以洗刷清白。

◎ **译文**

以正直的道理去教导他人，即使他不听从，只要我问心无愧，千万不要委曲求全，于理有损。以诚恳的心对待他人，他人或许因为不能了解而有所误会，日子久了他自然会明白你的心意，不必急着去向他辩解。

◎ **直播课堂**

有很多人以为有些事说了也没用，别人反正不会听从还不如不说，其实这是错误的想法。因为人在歧路上是不辨方向的，虽然他也许一时不肯听从你的劝告，但一旦有一天他发现了自己的错误再想起你的话，往往就能很快地走回正道来。劝告他人的时候要懂得方法，口气要婉转，最重要的是要使他容易接受。每一个人都有他易于接受的方式，我们可以采取这些方式逐渐引他走向正路。但是，最重要的是自己心中的正道不可失去，否则连自己都迷路了，又如何能指引他人走上正确的路呢？

粗粝能甘，纷华不染

◎ 我是主持人

所谓"无欲则刚"，刚者则能直道而行。不厌粗服，可见这个人不好虚名；不弃劣食，可见这个人不贪口欲。这样的人对于名利是不会动心的，在实践圣贤之道上阻碍自然就少。宋儒汪民曾说："得常咬菜根，即做百事成。"能嚼得菜根，便是能吃得下苦，必能脚踏实地去实现自己的理想而成为一位有为之士。

◎ 原文

粗粝能甘，必是有为之士；纷华不染，方称杰出之人。

◎ 注释

粗粝：粗服劣食。纷华：声色荣华。

◎ 译文

能够粗服劣食而欢喜受之不弃，必然是有作为的人；能够对声色荣华不着于心的人，才能称作优秀特殊的人。

◎ 直播课堂

怎样才算是一个杰出而优秀的人呢？首先他必须能控制自己。一个人如果不能完全掌握自己，那么便很容易被环境影响。一个人会被环境所影响有两种原因：一种是自己没有完全的自觉，不明白自己该做什么；另一种便是执着于环境的某一点而不能放下，因此只能随着该点而运转。很多人都执着在嗜欲、爱好，乃至于声色、名利之上。这样的人不可能成为杰出的人。

性情执拗不可与谋，机趣流通始可言文

◎ **我是主持人**

讨论事情最重要的是不可先有成见，如果心有成见，事情已无更改余地，那么再谈也是浪费时间。讨论的目的在于使事情更加完善，因此虚心地提供意见才是上策。只知依靠着自己的性子去做事而不顾理性的人，外不能见事情真正的需要，内不能见自己的偏执和缺失，和这种人一起做事不但于事无益，而且处处碍事，使事情不能活泼运转。

◎ **原文**

性情执拗之人，不可与谋事也；机趣流通之士，始可与言文也。

◎ **注释**

执拗：固执乖戾。机趣流通：天性趣味活泼无碍。

◎ **译文**

性情十分固执而又乖戾的人，往往无法和他一起商量事情。只有天性趣味活泼无碍的人，我们才可以和他谈论文学之道。

◎ **直播课堂**

文学艺术是由我们内心天性所产生出来的，这种天性原本存在于每个人的天赋之中，然而在成长的过程中，往往因外在的种种力量使得这种天性逐渐被蒙蔽而滞碍不通了。在孩提时期，大部分人都能欣赏一片云、一朵野花，因为这些在孩童的心中没有分别取舍，只有无尽的专注，这就是天趣。等到长大了，便失去了这种天趣，在看世界的时候心中已无纯真，而加入了许多世俗的观念。这时即使要他去写文章，也写不出真正的好文章了。因此，唯有能欣赏万物本趣的人，手中无诗而心中有诗，方可以与之谈文论理。

凡事不必件件能，唯与古人心心印

◎ **我是主持人**

　　世间的学问太多太杂，要一一学尽是不可能的，况且世间的事物未必件件都值得学，有些事学了反而不好，不如不学；有些事不十分重要，并不需要花太多时间去学。人间的道理，最重要的还是在于人的本身，其余的都只是用法。如果连人的本质都不能掌握，一切学问都是无益。

◎ **原文**

　　不必于世事件件皆能，唯求与古人心心相印。

◎ **注释**

　　心心相印：心意相通。

◎ **译文**

　　对于世间种种事情不必样样都知道得很清楚，但是一定要对古人的心意彻底了解而心领神会。

◎ **直播课堂**

　　古人求学问，必从做人开始，所谓"本立而道生"。人对本身的掌握便是一切学问的根本，人先对自我有所了解，对家庭、社会、人群有所了解，然后才能由自我的掌握逐渐扩大，而去掌握、改变他所处的环境。古人往往由修身、齐家说起，然后再谈治国、平天下，这是一切学问的根本。若能与古人心心相印、不失根本，再去学一切经世致用的道理，才不会走偏。

人生无愧怍，霞光满桑榆

◎ **我是主持人**

"无愧"可从多方面来说，有无愧于天地，无愧于父母，无愧于妻子儿女，无愧于国家社会，这是就外在而言；就内在而言，就是无愧于心。内外两者，原是一体的两面。只要能做到不取非分，对人对事尽一己之心，自然也就无可愧之事了。

◎ **原文**

夙夜所为，得毋抱惭于衾影；光阴已逝，尚期收效于桑榆。

◎ **注释**

夙夜：早晚。衾影：《宋史·蔡元定传》中有"独行不愧影，独寝不愧衾"，"毋抱惭于衾影"是指独处时没有愧对于心的行为。桑榆：指晚年。

◎ **译文**

每天早晚的所作所为，没有一件独自想来有愧于心的。人生的光阴虽然已经逝去，但是总希望在晚年能看到一生的成就。

◎ **直播课堂**

能对父母尽孝，对妻子尽情，对朋友尽诚，对社会尽力，对国家尽忠，对自己尽生命之长，对任何人或任何事都已尽了心，这样的人活得清清白白，是最轻松、最快乐的人了。人最怕对人对事有所亏欠，弄得睡不安寝、食不下咽，即使外在生活再舒适，也是无法快乐的。

"桑榆暮景"是形容人的老年，所谓"夕阳无限好，只是近黄昏"。要老来无所悲哀，毫无人生徒然之感，必须及早努力。

创业维艰，毋负先人

◎ **我是主持人**

在过去的农业社会，一个家庭的兴起，往往需要数代人的努力。为了让后代子孙能体会先人创业的艰辛，善守其成，人们常在宗族的祠堂前写下祖宗的教诲，要后代子孙谨记于心。

◎ **原文**

念祖考创家基，不知栉风沐雨，受多少苦辛，才能足食足衣，以贻后世；为子孙计长久，除却读书耕田，恐别无生活，总期克勤克俭，毋负先人。

◎ **注释**

栉风沐雨：借风梳发，借雨洗头，形容工作辛苦。贻：留。

◎ **译文**

祖先创立家业，不知受过多少艰辛、经过多少努力，才能够衣食暖饱，留下财产给后代子孙。若要为子孙作长久的打算，除了读书和耕田外，恐怕就没有别的了，总希望他们能勤俭生活，不要辜负了先人的辛劳。

◎ **直播课堂**

现在我们虽然已经很少看到宗族的祠堂，但是我们心中的祠堂又岂在少数？五千年的历史文化，无一不是先人艰辛缔造的，这历史的殿宇、文化的庙堂，便是整个民族的大祠堂。

为后代子孙着想，在古代无非是要他们读书以明理、耕种以养体，现在又何尝不是如此呢？读书便是使文化不至于坠落，使文明更向前推进。耕种以另一种角度而言，便是去发展我们的经济，使社会不致受贫穷所苦。以现代的方式去了解，先人的智慧与教诲，不是仍然充满着睿智和启示吗？时代固然在变，然而人生的道理和一些基本的原则还是不变的。

生时有济于乡里，死后有可传之事

◎ **我是主持人**

　　一个人只要尽一己所能，即使在乡里也能做济世助人之事。服千百人之务虽好，服百十人之务亦佳。就算能力再差，服一己之务也是行的。能帮助一人，便是替社会解决问题，亦是在替社会减轻负担，济世并不一定非要在大处上着眼。

◎ **原文**

　　但作里中不可少之人，便为于世有济；必使身后有可传之事，方为此生不虚。

◎ **注释**

　　里：乡里。

◎ **译文**

　　成为乡里不可缺少的人，就是对社会有所贡献了。在死后有足以为人称道的事，这一生才算没有虚度。

◎ **直播课堂**

　　"可传"是值得传颂的意思。如果一个人一生一无所成，或是恶名昭彰，那有什么值得传颂的呢？"可传之事"首先必然不是恶事，其次是对众人有益的事，至于身后还让人传颂，可见这个益事还泽及后人，否则后人怎会称颂？一个人能在生前受人称颂已算是不虚此生了，何况泽及后世呢？

齐家先修身，读书在明理

◎ **我是主持人**

"登高必自卑，行远必自迩"，如果连自己都管不好，如何能治理一个家庭呢？连一个家庭都管理不好，又如何去管理自己的事业，更别谈服务社会、贡献国家之类的事了。家庭是一个小社会，一个人是否能成事，只要看他的家庭是否和谐美满就可断言，因为那是他最切身的事，连最切身的事都弄不好，那么谈其他都是令人怀疑的。而家庭的美满，主要在自身的修养。如果自己吃喝嫖赌而又想要管好一个家庭，使它幸福，那可说是以斧斫树，欲其开花，这是根本不可能的。

◎ **原文**

齐家先修身，言行不可不慎；读书在明理，识见不可不高。

◎ **注释**

齐家：治理家庭。

◎ **译文**

治理家庭首先要将自己治理好，在言行方面一定要处处谨慎无失。读书的目的在于明达事理，一定要使自己的见识高超而不低俗。

◎ **直播课堂**

读书的目的在于改变气质，明白做人处世的道理。然而有些读书人的言行却不及普通人，这是因为书未读进心中，却又为物欲蒙蔽所致。就事理上而言，读书人识见要高，高不仅是指对事情和知识懂得多，可以深入其弊而加以改善，可以立举其要而加以实行，更重要的是能"高而望远"。读书人对事物要有远见、广见，而不可短视、窄视，要顾及大众的利益，而不可只顾一己私利。

积善者有余庆，多藏者必厚亡

◎ 我是主持人

帝王之墓可谓坚固，但被挖掘而尸首不全的却往往是这些最牢固的坟墓，金字塔便是最好的例子。可见，藏得再隐秘的东西，如果只顾自身，也会自取灭亡。

◎ 原文

桃实之肉暴于外，不自吝惜，人得取而食之；食之而种其核，犹饶生气焉，此可见积善者有余庆也。栗实之内秘于肉，深自防护，人乃剖而食之；食之而弃其壳，绝无生理矣，此可知多藏者必厚亡也。

◎ 注释

厚亡：多有取亡之道。

◎ 译文

桃子的果肉暴露在外，毫不吝啬于给人食用，因此，人们在取食之后，会将果核种在土中，使其生生不息，由此可见多做善事的人，自然会有遗及子孙的德泽。栗子的果肉深藏在壳内，好像尽力在保护一般，人们必须用刀剖开才能吃它，吃完了再将壳丢弃，因此，无法生根发芽，由此亦可明白凡是吝于付出的人，往往是自取灭亡。

◎ 直播课堂

从古至今，对人类有贡献的人即使死后连尸体都没有，后人也会为其立衣冠冢、立铜像来纪念他。因此，生死之道不在表面，往往多做善事者得永生，而贪生怕死的人却反而容易灭亡。

求备之心，可用之以修身

◎ 我是主持人

个人心性的修养虽然无止境，但较之物质的追求，一个是走入深渊，渐失光明，一个则要攀登高山，迎向旭日。心性的和悦是长久的，而欲望的刺激是短暂的，究竟何者当追求，何者不宜太过，是十分明显的事。人之欢喜毕竟在心而不在物。

◎ 原文

求备之心，可用之以修身，不可用之以接物；知足之心，可用之以处境，不可用之以读书。

◎ 注释

求备：追求完备。

◎ 译文

追求完备的想法，可以用在自身的修养上，却不可用在待人接物上。容易满足的心理，可以用在对环境的适应上，却不可以用在读书求知上。

◎ 直播课堂

知足之心应当善于运用，在恶劣的环境中要常感满足，如此可以避免怨天尤人，使心境保持平和，在平和中求进步而不致偏失，但是在求学问的过程中，却永远不可知足。若是太过知足，便无法在知识和智慧上求上进，那么在能力和生命的境界上，都无法做更大的发挥和突破。

有守与有猷有为并重，立言与立功立德并传

◎ 我是主持人

有时外在的环境并不容许我们有所作为，这时就要退而坚守。君子守道如守城池，若是连最后的一座城都不能守住，那么大片江山都要落入非道义者之手。因此，即使不能使道义大行于天下，至少也要守住最后的原则。原则不失，道义仍有宣扬的一天，否则就十分可悲了。

◎ 原文

有守虽无所展布，而其节不挠，故与有猷有为而并重；立言即未经起行，而于人有益，故与立功立德而并传。

◎ 注释

不挠：不屈。有猷：有贡献。

◎ 译文

能谨守道义而不变节，虽然对道义并无推展之功，却有守节不屈之志，所以和有贡献有作为是同等重要的。在文字上宣扬道理，虽然并未以行为来加以表现，但是已使闻而信者得到裨益，因此和直接建立事业与功德是同样不朽而为人所传颂的。

◎ 直播课堂

文字的力量是伟大的，有时甚至高于事业和功德，因为事业和功德有起有落、有时而尽，而文字的力量却是无穷的。一个人可能对三千年前某圣贤的文字起了共鸣而付诸实践，然而三千年前的帝国对他却毫无影响。孔子一生述而不作，却影响中国诞生了许多仁人志士。事业功德仅及于人，文字却能不受时空的限制传于心，所以，立言可以与立德、立功并为"三不朽"，甚至更有过之。

求教殷殷向善必笃

◎ **我是主持人**

许多人见到老年人能起尊重之心便已不错,能起求教之心更是少见。事实上,善不必在老,也有年轻时便在德业或学问上有所成就的人也是可以求教的对象。重要的是是否具有那颗对道理殷切渴慕之心,有了这颗心,在任何地方都可获得教诲和益处。

◎ **原文**

遇老成人,便肯殷殷求教,则向善必笃也;听切实话,觉得津津有味,则进德可期也。

◎ **注释**

老成人:年长有德的人。殷殷:热心。笃:深重。切实话:非常实在的言语。

◎ **译文**

遇到年老有德的人,便热心地向他请求教诲,那么这个人的向善之心必定十分深重。听到实在的话语,便觉得十分有滋味,那么这个人德业的进步是可以料想得到的。

◎ **直播课堂**

能听切实话的人,必已具有实在之耳,方能听得进。有些人讲切实话,他唯恐来不及掩耳,只怕听了你的好话坏了他的事。又有些人听时两眼茫然,右耳进去,左耳出来,或是听时头头是道,明日却忘得一干二净,那又有什么用?因此,能将切实之话听得津津有味的人,必能接受正确的意见和劝告,又因为他们有一颗无虚妄的求真之心,故而知过必改,岂非进德可期吗?

有真涵养才有真性情

◎ 我是主持人

文章由见识而生，文章的好坏在于它的内涵，而不在于文字的工巧妍丽。伟大的文章，往往足以导引吾人生命的取向乃至于人类的未来。前者须对生命有大认知，后者须对人类有大识见。若无这个大认知与大识见，一篇文章终称不上伟大。

◎ 原文

有真性情，须有真涵养；有大识见，乃有大文章。

◎ 注释

真性情：至真无妄的心性情思。真涵养：真正的修养。

◎ 译文

要有至真无妄的性情，一定先要有真正的修养才能达到；要写出不朽的文章，首先要有不朽的见识。

◎ 直播课堂

人生下来，性情本是至真的、纯然无杂的，然而在成长的过程中，原本至真的性情，逐渐淹没在纷扰的外界环境中。等到成长以后，经过许多苦乐的感受，才逐渐感到许多选择都非真心所愿，于是反观于心，赶忙将它从尘土中拾起，洗净擦亮，藏之于怀，再也不让它沾上一点灰尘。

从自觉苦乐到反观于心，乃至再度找回到牢牢把握，这些都是后天的涵养和功夫。未经历练的天真是容易失去的，通过历练后若还能再度找回，那么这个真性情就不会再失去。

为善要讲让，立身务得敬

◎ 我是主持人

"让"可以由两个层面来说，一个是"不争"，另一个是"能舍"。能做到"不争"便不会去与人计较，更不会为了名利而做出不善的事。"不争"虽是消极的"不为恶"，若是人人都能做到，天下便可少去很多不好的事。能"不争"之后，更要积极地"能舍"，能舍得财物去助人，能舍得知识去教人，能舍得自己的生命去尽忠，能舍得自己的享受去服务人群。因此，为善的重点在一个"让"字，能"让"则百善皆可做得。

◎ 原文

为善之端无尽，只讲一让字，便人人可行；立身之道何穷，只得一敬字，便事事皆整。

◎ 注释

端：方法。

◎ 译文

行善的方法是无穷尽的，只要能讲一个"让"字，人人都可以做得到。处世的道理何止千百，只要做到一个"敬"字，就能使所有的事情整顿起来。

◎ 直播课堂

"敬"可以由三方面来说，一是对人敬，二是对事敬，三是对己敬。对人敬则和气自生，不与人争，相处愉快。对事敬则能尽心尽力、谨慎行事，而不会有亏职守。对己敬则不会做出不敬之事，有亏自己的人格，更会要求自己在道德学问上有所精进，绝不许自己虚度光阴。因此，处世之道虽多，能做到一个"敬"字，也就能使事事在正确的轨道上运转。

是非要自知，正人先正己

◎ **我是主持人**

"好批评"是许多人都有的毛病，然而对自己所行的事情之对错，能十分明了的却不多。人先要知道自己的心思言行是否正确，然后才能批评他人。然而能这样反省自觉的人并不多，许多人往往看到别人身上有一些污点就大声嚷嚷，却不见自己身上的污点。

◎ **原文**

自己所行之是非，尚不能知，安望知人？古人已往之得失，且不必论，但须记己。

◎ **注释**

安：哪里。

◎ **译文**

自己的行为举止是对是错还不能确实知道，哪里还能够知道他人的对错呢？过去古人所做的事是得是失暂且不要讨论，重要的是先要明白自己的得失。

◎ **直播课堂**

有的人喜欢大做文章批评古人，若真是为历史作考据，使贤人不致被埋没也就罢了。但是，有的人连自己的对错尚不能明白，又何能知道古人的对错？"往者已矣，来者可追"，古人已成过去，是非曲直已无法改变，而今人所行所为，仍有赖自己的表现。倒不如从自身下功夫，使古人之非不在今人身上重现，这才是"以古为鉴"，以历史作为经验的最主要意义也在于此。

仁厚为儒家治术之本，虚浮为今人处世之祸

◎ 我是主持人

　　古人凡事讲求实在、有本有源，绝不做一些虚浮无根的事。现代人有的则不一样，许多事只顾今日不顾明日，只看眼前不看将来。今天才会走，明日便想飞，终日想天外有横财飞来，尽想投机取巧，这便是做事不踏实。所以，现在许多人内缺真正的内涵，外欠确实的作为。

◎ 原文

　　治术必本儒术者，念念皆仁厚也；今人不及古人者，事事皆虚浮也。

◎ 注释

　　治术：治理国家的方法。儒术：儒家的方法。

◎ 译文

　　治理国家之所以必定要本于儒家的方法，主要的原因乃在于儒家的治国之道都出于仁爱宽厚之心。现代人之所以不如古代人，乃在于现代人所做的事情都十分不实在、不稳定。

◎ 直播课堂

　　一种学说能否运用于社会，往往决定于它是否能使社会得到安乐。治理国家是一种大学说的运用，儒家的学说乃在于它的一切思想皆出自一个"仁"字。因为有仁心，所以不忍见人痛苦，要使每一个人都幸福，要使老有所安，幼有所长，鳏寡孤独皆有所养，这是人间乐园的理想。这样的理想正是现代最先进国家所致力追求的。

祸起于须臾毁之不忍

◎ **我是主持人**

"忍"是一门很大的学问，只有能够控制自己的人才能忍。忍的首要要求是"冷静"二字。无论任何事情，只要情绪激动都容易坏事。七情六欲如果太强，都可能造成不好的后果。

◎ **原文**

莫之大祸，起于须臾之不忍，不可不谨。

◎ **注释**

须臾：一会儿，暂时。

◎ **译文**

再大的祸事，起因都是由于一时的不能忍耐，所以，凡事不可不谨慎。

◎ **直播课堂**

忍并不仅指忍下怒气而已，有时头脑一时不能冷静，这时就不要作任何付诸行动的重大决定，一定要等到情绪平静下来，再回头来判断当时所想的是否正确，这就是谨慎。

我们打开报纸，常常可以看到许多人所犯的错误，无非都是由于一时不能忍而造成终生的遗憾！

忍又有可忍与不可忍之分。个人一己的意气与利益尽可忍得，国家和民族的大义却不可忍。然而不可忍却仍要忍，在冷静的心情下谋事，这就叫"大义之忍"。革命先烈在推翻旧制之前的种种策划无一不是忍。

我为人人，人人为我

◎ 我是主持人

读书人不事生产，衣食皆是别人努力生产的结果，承受别人的既多而能够报答并回馈的，无非是学问。只要能勤奋向学，以学问为济世之本，便是对社会的衣食之恩最好的回报。

◎ 原文

家之长幼，皆倚赖于我，我亦尝体其情否也？士之衣食，皆取资于人，人亦曾受其益否也？

◎ 注释

倚赖：依靠。

◎ 译文

家中的老小都依靠自己生活，自己是否曾经去体会他们心中的情感和需要呢？读书人在衣食上完全凭着他人的生产来维持，是否曾让他人也由他那里得到些益处呢？

◎ 直播课堂

家人对自己的倚赖，并不仅是物质，更重要的是情感和精神。子游问孝，孔子回答说："今之孝者，是谓能养，至于犬马者，皆能有养，不敬，何以别乎？"这就是讲到精神和心灵的问题。衣食只能满足肉体而不能及于心灵，要使他们心灵上感到满足，情感上获得幸福，就要靠自己去体会和了解，更重要的是要知道他们对自己的期望。在行为上要谨慎，不要做错一步，使亲人痛苦。

第八章
万物有道，意趣高远

　　道义是一种社会意识形态和做人规范，是用来维系和调整人与人关系的准则。道义要求遵守诺言、履行盟约，注重个人的道德修养，在逆境中不断砥砺自己的情操。道义是对敬畏和忠诚的最好诠释。

莫等闲，白了少年头

◎ 我是主持人

富有的时候最能拥有良好的读书环境，且不必为生计操心；显达的时候正是可以凭着地位和力量去造福社会。如果自己不知道把握时机去读书和积德，一旦这些良机消逝了，再想全心读书、多积功德，已是困难重重。所以，人要懂得掌握时机，更要懂得在此种时机中做有意义的事。

◎ 原文

富不肯读书，贵不肯积德，错过可惜也；少不肯事长，愚不肯亲贤，不祥莫大焉！

◎ 注释

亲贤：亲近贤人。

◎ 译文

在富有的时候不肯好好读书，在显贵的时候不能积下德业，错过了这富贵可为之时实在可惜。年少的时候不肯敬奉长辈，愚昧却又不肯向贤人请教，这是最不吉的预兆！

◎ 直播课堂

少年人不肯敬奉父母，甚至忤逆长辈；愚昧的人不肯向贤者请教而刚愎自用，这两者都是极危险的事。因为少年人往往无知，凭其血气之勇行事，若无长辈在一旁敦促，极可能误入歧途，自毁其前程。无知的行为所造成的损害是难以估计的，历史上多见例证，造成的灾害和祸患多是无可弥补的。

五伦为教然后有大经，四子成书然后有正学

◎ 我是主持人

学问是没有年代区分的，新的知识必须建立在旧有的根基上才能巩固。《论语》《孟子》《大学》《中庸》四本书，有人或许以为早已过时了，然而如果真正对时代和社会有相当的体会认识，再回过头来看这些书，才会发现里面充满了道理。难怪朱子要对四书加以集注，使其作为学子必读的天下正学。

◎ 原文

自虞廷立五伦为教，然后天下有大经；自紫阳集四子成书，然后天下有正学。

◎ 注释

虞廷：虞舜。五伦：即父子有亲、君臣有义、夫妇有别、长幼有序、朋友有信五种伦常。大经：不可变易的礼法。紫阳：北宋理学大家朱熹，字元晦，一字仲晦，又号晦庵，徽州婺源人，学者称其为紫阳先生。四子成书：朱熹集注《论语》《孟子》《大学》《中庸》合称四书。

◎ 译文

自从舜令契为司徒，教百姓以五伦，天下自此才有不可变易的人伦大道；自从朱熹集《论语》《孟子》《大学》《中庸》为四书，天下才确立了足为一切学问作为准则的中正之学。

◎ 直播课堂

五伦——君臣、父子、兄弟、夫妇、朋友五者，几乎包括了世间人际关系的全部，同时，也呈现了一个完美的社会生活景象。若是父子有亲，便无忤逆不孝之事发生；若是人人尽忠，国家必能富强壮大；若能夫妇有

别，便可减少许多家庭纠纷；若是长幼有序，岂有兄弟阋墙之争；若是朋友有信，何来欺骗巧取豪夺。凡此种种，在四千多年前便已成为教民的大纲，可叹今人弃之如敝屣，言而无信，男女不分，父不父，子不子，背仁忘义。

意趣清高，利禄不能动也

◎ 我是主持人

一个心志清雅高尚的人，他心中所爱的绝非是功名利禄之类的事。清是不沾滞、不浊，如果对功名利禄有所爱，就不是清。而高则是不卑，钻营在功名利禄中，便无法做到不卑。清高并不是反对功名利禄，而是不贪爱功名利禄，因为他心中"别有天地非人间"，不是功名利禄所能打动的。

◎ 原文

意趣清高，利禄不能动也。志量远大，富贵不能淫也。

◎ 注释

淫：迷惑。

◎ 译文

性情清雅，志趣高尚，功名利禄都不会为之所动。志向高远，气量宏大，面对大富大贵都不会被迷惑。

◎ 直播课堂

一个志向远大、心胸辽阔的人，并不会因为富贵而使他的志气消失。因为他所追求的不是富贵，而是远大的理想和抱负，即使物质生活再富足，都无法阻止他前进的脚步，而不会像那些只求富贵的人，一旦得到了富贵，奋斗也就终止，剩下的只是享受、浪费，甚至做出许多坏事来。

最不幸者，为势家女作翁姑

◎ 我是主持人

有财有势人家的女儿，若是教养好犹可，若是教养不佳，本身又不明事理，那么对做公婆、做丈夫的人来说都不是好事。因为势家女平日养尊处优遂心惯了，就很难能奉养公婆，不让公婆受气已经不错了。另外，仗着娘家有势，可能处处凌驾其夫、颐指气使，更别说相夫教子了。由于其娘家的势力，公婆和丈夫也无可奈何，这岂不是很不幸？

◎ 原文

最不幸者，为势家女作翁姑。最难处者，为富家儿作师友。

◎ 注释

势家：权豪势要之家。翁姑：公公和婆婆。

◎ 译文

最不幸的人，就是给权豪势要家的女儿当公公婆婆。最难以相处的事，就是给富家子弟当老师做朋友。

◎ 直播课堂

做富家儿的老师，应是很难的事。因为一般来讲，穷人懂得尊师重教，富家则未必如此。许多富家子弟财大气粗，以为学问可用金钱买得，随时可将老师换掉，如此子弟如何能尊师重教？即使教他道理，由于环境优裕、诱惑太多，也很难专心向学。富家子弟能不以金钱自满的不多，能不夸示金钱的也少，常以金钱轻视他人，同这种人交朋友往往不易相处。

钱能福人，亦能祸人

◎ **我是主持人**

药是用来治病的，有疾固然应当投医，用药也要适量，任何一种药不适量都会有害。微量的砒霜可以治病，过量就会致命，即使是普通的药，使用过量也会造成机能上的损害。用药不可不慎，这不仅是对医病而言，也是适用一切事情。任何一种政策乃至于制度也是如此，都不能矫枉过正。宋鉴于前代以武亡国而重文轻武，终至军事力量薄弱而亡国，便是矫枉过正的例子。

◎ **原文**

钱能福人，亦能祸人，有钱者不可不知。药能生人，亦能杀人，用药者不可不慎。

◎ **注释**

福人：给人造福。"福"在句子中作使动用法。后面的"祸"和"生"，也都是这种用法。

◎ **译文**

钱财能够给人造福，也能够给人带来祸害，有钱的人不能不明白这个道理。药物能够救人性命，也能够置人于死地，用药的人不能不十分谨慎。

◎ **直播课堂**

钱本身并无善恶，就看人如何去用它。用之得当便是善，用之不当便是恶；用之为善便是福，用之为恶便是祸。有钱的人如果将他的钱用来造福人群，那便是众人之福；若是用来为非作歹，就会害了自己。能明了这一点，有钱人更应该谨慎地去使用钱，倘不能为众人之福，至少也不要为一己之祸。

凡事勿徒委于人，必身体力行，方能有济

◎ 我是主持人

　　如果凡事都倚赖他人，就失去了自我锻炼的机会，久而久之必然无法独立。同时，有许多事情的意义和滋味就在实行的过程中，最好的果实就藏在身体力行中，不去做就永远无法得到它。

◎ 原文

　　凡事勿徒委于人，必身体力行，方能有济。凡事不可执于己，必集思广益，乃罔后艰。

◎ 注释

　　集思广益：集中众人的意见和智慧，可以收到更大更好的效果。罔：无，没有。

◎ 译文

　　不论什么事情都不要完全依赖他人，必须自己亲自去做，这样才会对自己更有帮助。不论什么事情都不要固执己见，应该集中众人的意见和智慧以收到更好的效果，这样才不会有后来的艰难。

◎ 直播课堂

　　当你要去做一件事情的时候，最好多听取各方面的意见，就像要去寻找宝藏一样，一定要向人询问途中可能遭遇到的危险，做好一切准备措施。如果没有这些准备，很可能到半路就会遇到困难，或是走到歧路上去，无法到达目的地。所以，做任何事情，一定不要刚愎自用，要尽量听取各方面的意见，才不会浪费时间和精力。

耕读固是良谋，必工课无荒，乃能成其业

◎ 我是主持人

耕读并行固然很好，但是当以读书为重。因为耕为养体，读为养心；耕得好可以养家人，读得好却可助社会。耕食粗劣尚可为人，读不明理却枉做了人，所以说"必工课无荒，乃能成其业"。此业乃是指一生的功业而言。过去乡下有所谓"放牛班"，不重课业而重田业，实在不对，因为读书是争一生，而非争一餐。

◎ 原文

耕读固是良谋，必工课无荒，乃能成其业。仕宦虽称贵显，若官箴有玷，亦未见其荣。

◎ 注释

官箴：原指百官对帝王的劝诫，后指对官吏的劝诫。

◎ 译文

一边种田，一边读书，固然是很好的选择，但一定不要荒废了学业，这样才能成就一番事业。做官虽然十分显贵，但是如果为官不能清正廉明，也不见得就是多么荣耀的事。

◎ 直播课堂

当官是光荣的事，倘若为官而不清廉，不能为百姓福，反为百姓祸，或是不能尽忠职守，有负国家重托，只知领高薪，暗中收红包，就有辱祖先的名声了。当官要有官品，官品清廉能为民造福、为国尽忠，即使是小官也是光荣的事，并不一定要贵显才算是光荣。

儒者多文为富，其文非时文也

◎ 我是主持人

所谓"君子疾没世而名不称焉"，乃是怕自己在活着的时候，没有可以称述的道德和功业，在乎的并不是名，而是德业不成、功业不立。后世却误把此名当彼名，以为是科举之名，因而拼命往考场上钻。名亦有多种，有的名不得也罢，如臭名、奸名、恶名；有的名得之足矣，如善名、忠名、义名。求名要有取舍，当取后者而舍前者。

◎ 原文

儒者多文为富，其文非时文也。君子疾名不称，其名非科名也。

◎ 注释

时文：应试的八股文。科名：科举取得的功名。

◎ 译文

读书人把多写文章看作是财富，但这种文章却不是应试的八股文。有道德的人把不能扬名于世视作痛心疾首的事情，但他们要扬的名却不是科举之名。

◎ 直播课堂

读书人的财富便是写出有价值的好文章。文章多固然好，但是如果都是一些应试八股的文章缺乏内容，今天写出明天便可丢掉，那么再多也如废纸，又有何用。真正有价值的文章是可以藏之名山、超越时空的，可以让后人读之仍有所得，受到启示和影响，这又岂是科场八股、应酬之词所能及的？

博学笃志，切问近思

◎ 我是主持人

求学之道首在一个"勤"字，但是也要懂得方法，也就是要广博地吸收知识，否则无以见天地辽阔；要笃定志向，否则无法专精；遇到困惑要向人请教，否则无法通达；此外还要时常细心地思考，才能使学问进步。

◎ 原文

博学笃志，切问近思，此八字是收放心的功夫。神闲气静，智深勇沉，此八字是干大事的本领。

◎ 注释

切问近思：恳切地求教，深入地思考。神闲气静：神态安闲，心气平静。智深勇沉：智谋深远，勇气出众。

◎ 译文

博学笃志，切问近思，这八个字是收回放逸之心的关键所在。神闲气静，智深勇沉，这八个字是干大事业所必需的本领。

◎ 直播课堂

干大事必须具有定力。不慌乱，不急躁，在心平气闲中，将一切事物看清楚之后才计划、行动。这种定力同时也能给予周围的人安全感和信心。做大事亦需要深广的智慧和沉毅的勇气，若是没有深广的智慧必会临事不决或行事有误；若无沉毅的勇气，则会当为而不敢也，或是为而躁进，这些都是做大事所不容许发生的。只有具备"神闲气静，智深勇沉"的条件，方能称得上具有干大事的本领，否则能力上不足以堪当大任，即使有机会，也可能会坏事。

何者为益友，凡事肯规我之过者是也

◎ **我是主持人**

结交益友，仿佛在风和日丽的天气走进花园，身上沾的只有花香而不是烂泥，即使跌了一跤，益友也会帮你拭去身上的泥巴。如此自己既不会犯下过失，也不会在德行上逐渐退步，走在路上别人只会闻到品德的芳香，而投以赞美的眼光。

◎ **原文**

何者为益友？凡事肯规我之过者是也。何者为小人？凡事必徇己之私者是也。

◎ **注释**

益友：对自己有帮助的朋友。徇：依从。

◎ **译文**

什么样的人才算是对自己有益的朋友呢？当我做错了事情的时候肯规劝我的人就是对自己有益的朋友。什么样的人是小人呢？不论做什么事情都一定要从个人利益出发的人就是小人。

◎ **直播课堂**

益友和小人最大的不同点，即在益友与人交往全以义为主，而小人和人交往则以利为主。小人与人交往既以利为主，若是自己所犯的过失于利有益，即使在义理上说不通，他也是一味地偏袒自己，只怕自己错得不够深，于利无图。因此，与小人交往，仿佛黑夜里走烂泥路，就算跌倒，他也不会扶你一把。

待人宜宽，唯待子孙不可宽

◎ **我是主持人**

待人宽厚，一方面是让自己心胸开阔，不至于狭隘。另一方面是避开相处时产生的一些小摩擦，不生事端，可以化不愉快于无形，使生活变得更圆满。然而对待自己的子孙，却不宜纵容，往往爱之反而害之。待人宽厚易于成事，教子严格易于成材。

◎ **原文**

待人宜宽，唯待子孙不可宽。行礼宜厚，唯行嫁娶不必厚。

◎ **注释**

行礼：对尊长和朋友行的礼节。

◎ **译文**

对人应该宽容，只有对子孙不可过分宽容。对尊长和朋友行礼应该厚道，但操办婚事却不可过分铺张。

◎ **直播课堂**

人们常说"礼轻情意重"，可见，礼的意义主要是在情意，倘若情意真切，即使礼物微薄一点也是很重的。所以"行礼宜厚"，并不是指物质上的丰厚，而是情意上的丰厚。如果送了厚礼，却没有丝毫情意，那么这种礼物就失去了意义，不如不送。至于婚嫁之礼，既已谈到婚嫁的地步，情意必然已经十分深厚，只要典礼庄严隆重，也就可以了。然而一般人总要大肆铺张，这无非是面子作祟，已无关乎情意了。

事但观其已然，便可知其未然

◎ **我是主持人**

许多人喜欢说"听天由命""顺其自然"，殊不知，先要尽人事，才能听天命。老天赏你鸡蛋，你若不好好接住，就算赏十颗都要完蛋。你若事先准备好，给不给在老天，这才叫顺其自然。

◎ **原文**

事但观其已然，便可知其未然。人必尽其当然，乃可听其自然。

◎ **注释**

已然：已经发生的。未然：没有发生的。当然：应该做的事情。

◎ **译文**

事物只要看它已经发生过的，就可以知道还没有发生的将是怎样一种情形。人一定要尽力做好应该做的事情，至于其他的事情就可以听其自然了。

◎ **直播课堂**

事情的发展有如一条河流，只要知道它的流向，便可推知未来可能的动态。太阳底下无新鲜事，大部分的事情都可以借已有的经验来推知。因此，只要细心，突如其来的灾害就不会发生。了解未来的目的，就是要对未来可能发生的灾害早做防范。如果对现在事情的进展都没有一个确切的认识，又如何能对未来作预测，并决定应变之道呢？

观规模之大小，可以知事业之高卑

◎ **我是主持人**

　　一个家族的命运建立在祖上教导子孙的心性上。德泽之浅深，固然是指积德的多少，最重要的还是祖上之德风是否深植于子孙心中以及子孙能否奉行不易，而不是指富贵的长久与否。子孙若个个贤德，即使一时贫穷，门祚仍能兴盛；子孙如代代不肖，即使现在富贵，也会很快走上衰亡之途。

◎ **原文**

　　观规模之大小，可以知事业之高卑。察德泽之深浅，可知门祚之久暂。

◎ **注释**

　　高卑：高下，这里指从事的事业是高尚还是卑下。门祚：家门的福分。祚，福。

◎ **译文**

　　看一个人做事情规模的大小，就可以知道他的事业是高尚还是卑下。观察一个人对别人的德泽是深还是浅，就可以知道他的家门福祚是否可以长久。

◎ **直播课堂**

　　看一件事是否完善，便能知道它是否长久或伟大。立国最重要的便是典章制度的建立，这些最初的规模往往造成了一个朝代的兴衰更替。就像人一样，从小可以看大，孔融让梨，司马光砸缸，他们最终名垂青史。

义之中有利，而君子尚义

◎ 我是主持人

"利"字旁边一把刀，刀是用来刈禾的。禾即是利益，你想得到利，他也想得到利，人人都想得到利，最终会因相争而割伤了彼此。唯利是图的小人，只见到半面的禾，而未见到半面的刀，因此酿成祸害。由于利中含刀，要拥抱利，必须拥抱刀，利和刀本是一体的两面。

◎ 原文

义之中有利，而尚义之君子，初非计及于利也。利之中有害，而趋利之小人，并不愿其为害也。

◎ 注释

尚义：崇尚道义。

◎ 译文

义举之中也包含有某些利益，但崇尚道义的有德之人，在施行义举的时候并没有考虑到个人利益。在求取个人利益的时候也有某些不利，但追逐私利的小人，在追逐私利的时候并不愿意接受对自己不利的东西。

◎ 直播课堂

义行原本不求回报，但是行义有时也会带来好运，这些并不是行义的人当初就能看得到、想得到的，他之所以行义，亦非是为了这些后得之利。因此，这些好运或利益可说是意外的收获。义行是指应该做的事，既然为应该做的事，那么利益就不在当初的期许之下，即使没有也能坦然释之。如果因利而动摇了行善的意愿，那么他便不是以一个无所得之心在做这个善行。

小心谨慎者必善其后，惕则无咎也

◎ **我是主持人**

《易经》乾卦中有"君子终日乾乾，夕惕若，厉，无咎"之句，无咎，是因为"终日乾乾，夕惕若"。如果不小心谨慎、步步为营，即使是走在平地上也会跌一跤。因此，无论是居高位或身处底层，都必须善其后，才不会犯下过错自毁前途。

◎ **原文**

小心谨慎者必善其后，惕则无咎也。高自位置者难保其终，亢则有悔也。

◎ **注释**

惕：警惕。无咎：没有过错。亢：极端，过度。

◎ **译文**

小心谨慎的人最后必然得以善终，因为他做事常怀警惕之心而不会有过错。处于很高位子上的人最后难保善终，因为已经处在极高的位子上就容易跌落下来。

◎ **直播课堂**

万物都有盛衰，"亢"之所以有悔，就是这个道理，因为高山之旁必有深渊，爬得高必定摔得重。但是世间人往往不明白这些，忘形于荣华富贵中，以为天下才智莫过于己。殊不知，一跤摔下便是深谷，如何能永远处在巅峰呢？

耕所以养生，读所以明道

◎ 我是主持人

穿衣原是为了保暖和蔽体，吃饭原是为了免除饥饿。现代人穿衣讲求美丽，吃东西讲求美味，这虽是社会富裕之后的一种现象，但是全世界尚有许多人连衣服都没得穿，饭都没得吃，遑论美丑粗精！求美求精倒也罢了，有的人盛装豪饮，不过是为了炫耀财富和地位，满足可怜的虚荣心，这种人心地实在贫瘠。

◎ 原文

耕所以养生，读所以明道，此耕读之本原也，而后世乃假以谋富贵矣。衣取其蔽体，食取其充饥，此衣食之实用也，而时人乃借以逞豪奢矣。

◎ 注释

原：根本，本意。假：借，借助。豪奢：豪华奢侈。

◎ 译文

种田的目的是为了养家糊口，读书的目的是为了明白做人的道理，这就是种田、读书的根本所在，但后世却有一些人把种田读书当做谋求富贵的手段了。穿衣服是为了遮蔽身体，吃饭是为了填饱肚子，这是穿衣吃饭的目的所在，但眼下有一些人却把穿衣吃饭当做炫耀其豪华奢侈的方式了。

◎ 直播课堂

古人以田多为富，已失耕种本意，这和现在许多人以炒地皮、买卖房子图利而无耕作、居住之实是一样的。有的人把读书当作工具和手段，而不是当作目的。正是因为存有这种心态，社会上才有许多读过书而不明理的人。在他们的脑子里，凡是妨碍到求富求贵的道理都不会接受，这样如何还能明理呢？

人皆欲贵也

◎ 我是主持人

人人都想做大官，官岂是好做的？"官"就是"管"，管要管得好，莫说一个城市，便是一个村子，你有能力管得好吗？就算让你当个市长吧，台风洪水来了怎么办？交通混乱怎么办？经济萧条怎么办？突发灾害怎么办？双手一缩，高台一坐，便算得官吗？若不能把一个地方治理得富足安乐，不但百姓要揪你下来，上面也要赶你下台。贵而无能，官而不管，则贵无非是羞，官无非是耻罢了。

◎ 原文

人皆欲贵也，请问一官到手，怎样施行？人皆欲富也，且问万贯缠腰，如何布置？

◎ 注释

万贯缠腰：形容拥有很多财富。布置：安排。

◎ 译文

人人都想显贵，请问若是有了一官半职，你该怎样来当这个官呢？人人都想富裕，请问如果有万贯家财，你准备拿这些钱干什么用呢？

◎ 直播课堂

人人都梦想大富大贵，然而要这许多钱来做什么？吃好的喝好的也有个限度，如果狂嫖滥赌，富而何益？倘若是为了让他人瞧得起，无非是自卑感在作祟。活在他人眼光里的人连真实的自我都没有，又要那么多外界的东西干什么？不过是活得更虚伪罢了。求富是很多人的愿望，但是应该要明白为什么求富。改善生活是当然的，但是生活不愁以后要如何呢？金钱可以做许多真正有价值的事，富有的人可曾想过这一点？

文、行、忠、信

◎ 我是主持人

　　志道、据德、依仁、游艺，是为学的次序。艺是指礼、乐、射、御、书、数而言，这六者必须以前面的志道、据德、依仁为本。道是一切学问产生的根源，仁德是一切行为的根本，艺则是用来从事工作的工具。只取艺而弃道、弃德，可说是将一个人的心和脑去掉，只要他们的四肢。如此又怎能追求真理、创新学问、循则做事？不过是个会动的木偶罢了。

◎ 原文

　　文、行、忠、信，孔子立教之目也，今惟教以文而已；志道、据德、依仁、游艺，孔门为学之序也，今但学其艺而已。

◎ 注释

　　文：指诗书礼乐等典籍。行：是行为。忠、信：是品性上的训练。志道：立志研究真理。据德：做事依据道理。依仁：绝不偏离仁恕。游艺：以六种技艺作为具体本领。

◎ 译文

　　文、行、忠、信，是孔子教导学生所立的科目，现在却只教学生文学了。志道、据德、依仁、游艺，是孔门求学问的次序，现在只剩最后一项学艺罢了。

◎ 直播课堂

　　文代表知识，行代表行为，忠、信则是品性上的修养，这四者涵盖了人由外到内的全部，是孔子教导学生的科目。然而现代的教学则不然，仅注重外在知识的获取，较之孔门只是初步，所以教出来的学生只有死知识，既不能掌握自己的心性，也不明白生命的本质和意义。

隐微之衍，即干宪典

◎ 我是主持人

所谓技末之学，是指对一个人的身心无所助益的学问。现代许多人书读得多，却无法控制自己的身心，往往让自己迷乱，投掷在声色犬马之中而不能自拔。这都是因为不能务本，专事学习技末的学问，不知为自己订立目标，只知放纵身心的享受，这都是属于修身的范围。学问之道先谈修身，能将自己的身心掌握住，才能谈到其他。

◎ 原文

隐微之衍，即干宪典，所以君子怀刑也；技艺之末，无益身心，所以君子务本也。

◎ 注释

衍：过失。干：违犯。宪典：法度。

◎ 译文

一些不留意的过失，很可能就会干犯法度，所以君子行事，常在心中留礼法，以免犯错。技艺是学问的末流，对身心并无改善的力量，所以君子重视根本的学问，而不把精力浪费在旁枝末节上。

◎ 直播课堂

"君子怀刑，小人怀惠"，刑可以作刑法，亦可以作礼法解。意思是君子想的都在礼法仁义上，而小人则处处想到小惠利益。人的行为很容易有过失，倒不一定是触犯法令。因此，要做到行不逾礼，必须时时规饬自己的身心。若是心不怀刑，往往会怀惠循利、顺从私欲，一不留心便要犯下过失而使自己后悔。所以，君子的礼法要自我约束，避免像小人那般胡作非为。

士既知学，还恐学而无恒

◎ 我是主持人

孔子在陈绝粮，子路很生气地去见孔子，说："君子也有穷的时候吗？"孔子回答说："君子固然免不了有穷的时候，却不像小人穷的时候，什么无耻的事都肯做了。"事实上，君子往往穷的时候居多，因为他不取不义之财；小人富的时候却居多，因为他不问事理，只要有利可图。

◎ 原文

士既知学，还恐学而无恒；人不患贫，只要贫而有志。

◎ 注释

知学：知道学问的重要性。

◎ 译文

读书人知道学问的重要，却恐怕学习时缺乏恒心。人不怕穷，只要穷得有志气。

◎ 直播课堂

有人讨厌读书，认为读书只是为了求生，学到一定程度能混口饭吃也就够了。有人认为读书只为充颜面，出国是表示自己毕竟也留过洋。知学，乃是知道学问本身的重要性，既不是为吃饭，也不是为颜面，而是感到读书有助于对生命的拓展和理想的推行。这样才会学无止境，才是知学。知学之后还要有恒心和毅力，否则徒然知道学问重要，却无恒心去追求它，也是无用的。追求学问的最高境界是乐在其中，能从学问中得到趣味，那么即使不让你读，你也会偷偷地去读，恒心、毅力自是不待求而有了。

用功于内者，必于外无所求

◎ 我是主持人

太过于注重外表修饰的人，往往内在缺少真实的天地。这么说并不是反对外在美，而是内在有真实生命的人不会过于注重外表。注重外表的人往往有两种情形：一是对自己不信任，一是相信别人注意的只是自己的外表。追根究底，这两种情形都出自于内在的空虚。

◎ 原文

用功于内者，必于外无所求；饰美于外者，必其中无所有。

◎ 注释

饰：装饰。

◎ 译文

在内在方面努力求进步的人，必然对外在事物不会有许多苛求；在外表拼命装饰图好看的人，必然内在没有什么涵养。

◎ 直播课堂

在心灵和修养上谋求进步的人，对于外界环境的美丑好坏不会计较，对于他们而言生活简单便是好，因为他们内在有更重要的事情要追求。有的人以为内在精神生命太过理想和虚幻，其实并不如此。内在的精神生命往往较一切外界的事物更贴近我们的生命，而且更真实。它是我们自我掌握的能力，有了内在的生命，就不会太执着于外在的粉饰。因为心中的美好，又岂是外表的美好所能比的？

盛衰之机，虽关气运

◎ 我是主持人

讲性命之学，不可完全走到玄虚的境地。所谓"形而上者谓之道，形而下者谓之器"，道所以驭器，器所以用道。就如人有精神肉体，不可偏废，若是偏废便不成人形，也不成有生命之物。学问亦是如此，无论偏于形而上，还是偏于形而下，都是一种不平，用之会走向无生机的状态。必须两者并重，才能活泼地生长，不致空洞而死滞。

◎ 原文

盛衰之机，虽关气运，而有心者必贵诸人谋；性命之理，固极精微，而讲学者必求其实用。

◎ 注释

性命之理：形而上之道，讲天命天理的学问。

◎ 译文

兴盛或是衰败，虽然有时和运气有关，但是有心人一定要求在人事上做得完善。形而上的道理固然十分微妙，但是讲求这方面的学问，一定要它能够实用。

◎ 直播课堂

所谓运气，是指天时、地利、人和，天时、地利不是我们所能选择或能加以改变的，但是属于人和的方面却是我们所能努力的部分。天时地利的变数是固定的，而人的变数却可以由零到无限大。如果天时地利都在极佳的状况，而属于人的部分是零的话，所得的结果仍然是零。反之，人的努力无限大，即使运气不佳，所得的结果至少也不会是零。"知其不可为而为之"，如果去做毫无希望的事，那么也要有"为而不有"的胸怀才是。

天下事本难预料，有些事看似顺利，做时却困难重重；有些事看似无望，做时却左右逢源。总要尽人事而听天命，若连人事都不尽，十之八九是要失败的。

鲁如曾子，于道独得其传

◎ 我是主持人

朱子认为《大学》为曾子所作，而《大学》可以说是儒家思想最精粹、最有系统的著作；《中庸》为子思所作，而子思又是曾子的弟子，由此可见，曾子是真正能将孔子一贯之道传下来的人。然而曾子在孔门弟子中是属于愚钝的，可见资质并不足以限制人，人最怕的是自己限制了自己，不肯努力向上那就真无法补救了。

◎ 原文

鲁如曾子，于道独得其传，可知资性不足限人也；贫如颜子，其乐不因以改，可知境遇不足困人也。

◎ 注释

鲁：愚鲁。

◎ 译文

像曾子那般愚鲁的人，却能明白孔子一以贯之之道而阐扬于后，可见，天资不好并不足以限制一个人。像颜渊那么穷的人，却并不因此而失去他的快乐，由此可知遭遇和环境并不足以困住一个人。

◎ 直播课堂

人的快乐有依于环境的，也有不依于环境的。如果一定要万事皆备，又需东风吹得百花开才能快乐，那么人生真的难得几回乐了。事实上，心境自由就是快乐。像颜渊那样一箪食，一瓢饮，而不改其乐，便是因为他的快乐并不依附在外界的环境上，而是由内心自生的。虽然其中有知命而乐天的成分，但是生命本有的快乐却是每个人都具有的，并不因环境而改，亦不因学问而生。只要每个人放下思虑，便可感受到这种快乐。这种快乐既然不是得之于外，所以也不会失去，只要每个人反求自心，便可见到。

敦厚之人，始可托大事

◎ 我是主持人

至于"谨慎之人，方能成大功"，这是以孔明为例子。事实上，孔明辅佐刘备，很多人都只注意到他的神机妙算，以为非常人所及，若是仔细推敲起来，会发现他谨慎过人。为大事最需要谨慎，一步都错不得，往往一步之差，全盘皆输。孔明便是掌握了这一点，再加上他原有的智慧，所以才能助刘备成三分天下之局。

◎ 原文

敦厚之人，始可托大事，故安刘氏者，必绛侯也；谨慎之人，方能成大功，故兴汉室者，必武侯也。

◎ 注释

刘氏：指汉高祖刘邦。绛侯：周勃，汉代沛人，佐高祖定天下，封绛侯。武侯：诸葛亮，字孔明，助刘备败曹操，建国蜀中，与魏、吴成三国鼎立之势。

◎ 译文

忠厚诚实的人，才可将大事托付给他，因此能使汉朝天下安定的，必定是周勃这样的人。唯有谨慎行事的人，才能建立大的功业，因此能使汉室复兴的，必然是孔明这般人。

◎ 直播课堂

周勃为人质朴刚毅而又老实忠厚，这种人之所以可以托以大事，是因为他不会变心。人的心意是很难捉摸的，若是心思灵活而又不够老实，往往在政治上成为两头倒的墙头草，在社会上可能成为图利弃友的人。所谓可以托大事，是表示相信他不会出卖朋友。因此，无论是交朋友或是纳部属，都需要像周勃这样忠厚的人。

祸已闯下，不能救止

◎ 我是主持人

范蠡的智慧是有名的，他能在佐越王灭吴之后及时引退，可见一切都在他的意料之中，然而当他的次子在楚国杀人，他让长子带金救赎时，料定长子很可能会因惜金而误事却不出面阻止，由此可知他并不十分想保全次子，因为就情而言他当救次子，然就理而言杀人本是难恕之罪。长子由于深体父亲创业之艰所以惜金，却导致次子被杀，这又岂是长子所想得到的？

◎ 原文

以汉高祖之英明，知吕后必杀戚姬，而不能救止，盖其祸已成也；以陶朱公智计，知长男必杀仲子，而不能保全，殆其罪难宥乎？

◎ 注释

戚姬：戚夫人，为汉高祖宠姬，高祖崩，即为吕后所杀。
陶朱公：范蠡佐越王勾践破吴后，至定陶，自称陶朱公，经商而成巨富。

◎ 译文

像汉高祖那么大略的帝王，明知在他死后吕后会杀死他最心爱的戚夫人，却无法挽救阻止，乃是因为这个祸事已经造成了，而如陶朱公那么足智多谋的人，明知他的长子非但救不了次子，反而会害了次子，却无法保全此事，大概是因为次子的罪本来就让人难以原谅吧！

◎ 直播课堂

汉高祖雄才大略，能取天下却不能阻止吕后杀戚夫人，一方面是高祖已死，无能为力，同时也是因为天下可取而得，人心之妒难消。妒恨之心，其烈逾火，其毒胜鸩，乃有吕后做出天下极其残忍之事，出乎常人想象。由此可见，天下最难解决的问题便是潜藏在人心的仇恨。若不能解决这个问题，即使如汉高祖力足以平天下之人，也不足以阻止家庭惨祸的发生。

处世以忠厚人为法

◎ 我是主持人

家道历久不衰，既不在于留多少财产，也不在于留传家宝物，真正的传家之宝，唯有"勤俭"二字。留任何东西给子孙，他们都可能花费殆尽；只有学得勤俭的美德，子孙才可永世不致困窘，较之万贯家财，实在更为可靠而有效。

◎ 原文

处世以忠厚人为法，传家得勤俭意便佳。

◎ 译文

在社会上为人处世，应当以忠实敦厚的人为效法对象，传与后代的只要能得勤劳和俭朴之意便是最好的了。

◎ 直播课堂

"忠厚"二字可以分开来说。在社会上做事最重要的便是"受人之托，忠人之事"，也就是尽己之心于工作，这是就"忠"而言。"厚"是待人敦厚，既不欺人，又不苛待他人。"忠"可以于人于事不失，"厚"可以于人于事有利，因此，处世要以"忠厚"作为标准方可。

紫阳要人穷尽事物之理，阳明教人反观自己本心

◎ 我是主持人

事实上，孔子早已说过"学而不思则罔，思而不学则殆"。心镜不明，不能照物；心不照物，明而无用，心物本是合一。朱学、王学都在阐扬孔门圣教，虽各有所偏重，但都强调读书要穷尽事理，不要死读书。

◎ 原文

紫阳补大学格致之章，恐人误入虚无，而必使之即物穷理，所以维正教也；阳明取孟子良知之说，恐人徒事记诵，而必使之反己省心，所以救末流也。

◎ 注释

格致之章：《大学》中有"致知在格物"句，朱熹注解，指格物是穷尽事物之理，无不知晓之意见书。阳明：即王守仁，学者称为阳明先生，其学以默坐澄心为主，晚年专提"致良知"之说。

◎ 译文

朱子注《大学》格物致知一章时，特别加以补充说明，只恐学人误解而入于虚无之道，所以要人多去穷尽事物之理，目的在维护孔门的正教。阳明取了孟子的良知良能之说，只怕学子徒然地只会背诵，所以一定要教导他们反观自己的本心，这是为了挽救那些学圣贤道理只知死读书的人而设的。

◎ 直播课堂

朱子认为格物致知是要穷究事物之理，这是就知识而言，也是依经验

而论，是指后天之学，而非先天之性。阳明取孟子"格君心之非"一句，而认为"格者正其不正，以归于正"，又说"致知云者，致吾心之良知焉耳"，这是指先天之性。

善良醇谨人人喜

◎ 我是主持人

醇厚谨慎的人自己看了喜欢，浮躁之人自己看了讨厌，但是别人看自己是醇谨还是浮躁呢？浮躁则难办事，所以说浮躁非佳士。如果在别人眼中自己正是一个浮躁之人，岂不是连自己都难以喜欢自己吗？那么何不做一个让大家都喜爱的醇厚谨慎之士呢？

◎ 原文

人称我善良，则喜；称我凶恶，则怒；此可见凶恶非美名也，即当立志为善良。我见人醇谨，则爱，见人浮躁，则恶；此可见浮躁非佳士也，何不反身为醇谨？

◎ 注释

醇谨：醇厚谨慎。

◎ 译文

别人说我善良，我就很喜欢，说我凶恶，我就很生气，由此可知凶恶不是美好的名声，所以，我们应当立志做善良的人。我看到他人醇厚谨慎，就很喜爱他，见到他人心浮气躁，就很厌恶他，由此可见心浮气躁不是优秀的人该有的毛病，何不让自己做一个醇厚谨慎的人呢？

◎ 直播课堂

别人说自己善良就高兴，说自己凶恶就发怒，可见善良不只别人欢喜，善良之名自己也欢喜；凶恶不仅别人讨厌，自己也讨厌。那么为何要做个凶恶之人而不做个善良之人呢？很多凶恶的人以为自己善良些就会为人所欺，其实，这是不正确的观念，是自卑感在作祟。你主动和对方打招呼，他人就和你握手；你拿枪指人，他人自然要拿枪来对你。善良并非软弱，而是不恶意地侵犯他人，何不立志为善良的人，让他人欢喜，也让自己高兴呢？

处事宜宽平而不可松散，持身贵严厉而不可过激

◎ 我是主持人

处理事情要不疾不徐，有条有理，才能把事情办得好。如果操之过急，往往错误百出，这是欲速则不达的结果。但是如果过于散漫松弛，则可能一事无成。就像种田，如果拔苗助长稻子必定活不了，然而不去管它，则也会造成荒芜。

◎ 原文

处事宜宽平，而不可有松散之弊；持身贵严厉，而不可有激切之形。

◎ 注释

宽平：不急迫而又平稳。

◎ 译文

处理事情要不急迫而要平稳，但是不可因此而太过宽松散漫，立身最好能严格，但是不可造成过于激烈的严酷状态。

◎ 直播课堂

人的身心不能一直处于紧张状态，也不能一味松弛散漫，最好保持一个弹性。对自己太松固然不好，对自己太严也有坏处。太松则容易纵容自己偷懒，终至一事无成；太严则身心无法承受，而导致身心俱疲。最好在

一种不偏不倚、中庸而平和的心境下来要求自己。人的身心就像机器的齿轮，不去转它要生锈，转得太快又要磨损。因此，要在一种适度的力量下，才能使它既不生锈，也不磨损，从而更高效地工作。

天地且厚人，人不当自薄

◎ 我是主持人

人心中有理性，仁、义、礼、智、信可说是天赋的美德，是天生的良知良能。而在外的形体则有地上生出的六谷来养育，使人类的生命不致断绝，由此可见天地对人尚且不薄，人岂可自轻于天地之间？

◎ 原文

天有风雨，人以宫室蔽之；地有山川，人以舟车通之；是人能补天地之阙也，而可无为乎？人有性理，天以五常赋之；人有形质，地以六谷养之。是天地且厚人之生也，而可自薄乎？

◎ 注释

蔽：遮蔽。阙：失。五常：仁、义、礼、智、信。六谷：黍、稷、菽、麦、稻、粱。薄：轻视。

◎ 译文

天上有风有雨，所以人造房来遮蔽；地上有高山河流，人便造船车来交通。这就是人力能够弥补天地造物的缺失，人岂能无所作为，而让一切不获得改善？人的心中有理性，天以仁、义、礼、智、信作为他的禀赋；人的外在有形体，地便以黍、稷、菽、麦、稻、粱六谷来养活他。天地对待人的生命尚且优厚，人又岂能自己看轻自己呢？

◎ 直播课堂

人可改造环境，使它适合自己的生存。天有风雨，正如人生之有风

雨；地有山川，亦如人生之有阻碍。如果当初不造宫室，至今仍不免穴居野处，任凭风雨吹打。如果人不造舟车，今日交通又岂能遍于全球？生命中的风雨和阻碍亦是如此，需要凭人自己的力量去趋避，使之通达。但是，要如何去造生命中的宫室和舟车呢？这就要看自己的所为了。

知万物有道，悟求己之理

◎ 我是主持人

　　读书人不贪财，也不妄求非分，所以贫者居多。既然慕圣贤之道，就要能安贫，若不能安贫，去求非分之财，甚而见利忘义，那就不是读书人了。读书人不能安贫，还不如生意人本分做买卖，至少不会做出违背自己良心的事。

◎ 原文

　　人之生也直，人苟欲生，必全其直；贫者士之常，士不安贫，乃反其常。进食需箸，而箸亦只悉随其操纵所使，于此可悟用人之方；作书需笔；而笔不能必其字画之工，于此可悟求己之理。

◎ 注释

　　箸：竹筷子。

◎ 译文

　　人生来身板便是直的，由此可见，如果人要活得好一定要向直道而行。贫穷本是读书人该有的现象，读书人不安于贫，便是违背了常理。吃饭需用筷子，筷子完全随人的操纵来选择食物，由此可以了解用人的方法。写字需用毛笔，但是毛笔并不能使字好看，于此也可以明白凡事必须反求诸己的道理。

◎ 直播课堂

进食用筷，要吃什么会凭自己的心意加以选择，用人之方还在良心如何操纵。若是当用筷处却用匙，欲食肉时却向菜，便是自心不明，非匙筷之过。书法欲求好，并非笔之好坏所能左右，同样的工具在不同人的手中可以产生完全不同的结果。若不反求于自己，即使有再好的助手与环境，亦不能有所收获。

富厚者遗德莫遗田，贫穷者勤奋必能充

◎ 我是主持人

长辈遗财给子孙，不如遗德给子孙。"广积阴德，使天眷其德，或可少延"者，正合佛家的因果之说。人生甚短，所见甚窄，积阴功而泽及子孙，实是要子孙能承受其为善事的敦厚之心，如此自然不会胡作非为，而能保福分之长久。

◎ 原文

家之富厚者，积田产以遗子孙，子孙未必能保；不如广积阴功，使天眷其德，或可少延。家之贫穷者，谋奔走以给衣食，衣食未必能充；何若自谋本业，知民生在勤，定当有济。

◎ 注释

阴功：阴德。眷：眷顾。济：帮助。

◎ 译文

家中富有的人，将积聚的田产留给子孙，但子孙未必能将它保有，倒不如多做善事，使上天眷顾他的阴德，也许可使子孙的福分因此得到延长。家中贫穷的人，想尽办法来筹措衣食，衣食却未必获得充足，倒不如在工作上多加努力，若能知道民生的根本在于勤奋，那么多少会有所帮助，而不必四处求人。

◎ 直播课堂

　　再穷的人只要肯勤奋工作，总是还能糊口的，只怕他如秋天的蓬草，到处不扎根，那么即使有雨露，自己也承受不到。

揆诸理而信言，问诸心始行事

◎ 我是主持人

　　许多事情在做之前，一定要在心中加以斟酌。譬如这件事牵涉到哪些人，会不会损害到其他人的权益？这件事该不该自己去做？有没有逾越之处？最重要的是做这件事会不会违背自己的良心，让自己感到不安？这些都是要事先考虑的，如果冒冒失失地就去做，做完才发现造成了无可弥补的损害，那时后悔就来不及了。

◎ 原文

　　言不可尽信，必揆诸理；事未可遽行，必问诸心。

◎ 注释

　　揆：判断、衡量。遽：急忙。行：做。

◎ 译文

　　言语不可以完全相信，一定要在理性上加以判断、衡量，看看有没有不实之外。遇事不要急着去做，一定要先问过自己的良心，看看有没有违背之处。

◎ 直播课堂

　　话入耳中，首先要用理性去判断它，看它的可信度有多少。如果它涉及个人，首先要以过去对这个人的印象来衡量，这个人是否会做这样的事？如果它涉及事情，就要以这件事的趋势和过程来考虑，看有没有可能发生这样的事。如果经过种种考虑觉得可以相信，再进一步去证实和了解。不要随便相信不实的话。

兄弟相师友，闺门若朝廷

◎ 我是主持人

兄弟相互为师友，是在手足亲情上再加上了师友之情。兄弟本是同根生，先天上已是不可分，应当相亲相爱；而在后天上，兄在人生经验上，可以为弟之师，而弟又处处礼敬兄长，互为势友。人间有种种情意，兄弟之情是最值得珍贵的一种。兄弟阋墙是既不能体念先天的血肉相连，又不能在后天互为师友，以致为一些小事而起纷争，可不叹哉！

◎ 原文

兄弟相师友，天伦之乐莫大焉；闺门若朝廷，家法之严可知也。

◎ 注释

闺门：内室之门。

◎ 译文

兄弟彼此为师友，伦常之乐的极致就是如此。家规如朝廷一般严谨，由此可知家法严厉。

◎ 直播课堂

"国有国法，家有家规"，古时十分重视家教严格，因为这关系着子孙的贤与不肖，所以，把家规与国法并列，以示其严。《后汉书·邓禹传》云："修整闺门，教养子孙，皆可以为后世法。"可见庭训家规，关系着家族的兴衰和子孙的成败，如朝廷律法关系着朝廷的盛衰一样，不可不慎。

友以成德，学以愈愚

◎ **我是主持人**

人之所以求学问，就是为了避免无知。无知通常与愚昧同在，愚昧对于事理而言是一种毛病，无知对于人间而言也是一种病，许多灾害起于无知，许多事情坏于愚昧。人求知识就是要消灭无知和愚昧。不肯求知的人就好像永远见不到阳光的土拨鼠一般，只能活在黑暗之中。

◎ **原文**

友以成德也，人而无友，则孤陋寡闻，德不能成矣；学以愈愚也，人而不学，则昏昧无知，愚不能愈矣。

◎ **注释**

孤陋寡闻：学识浅薄，见闻不广。愈：医治。

◎ **译文**

朋友可以帮助德业的进步，人如果没有朋友，则学识浅薄，见闻不广，德业就无法得以改善。学习是为了免除愚昧的毛病，人如果不学习，必定愚昧无知，愚昧的毛病永远都不能治好。

◎ **直播课堂**

每个人眼中的世界都是不同的，每个人的想法也是不同的，有时会无法了解别人，更无法了解自己。交朋友不仅是为了排遣寂寞，也是为了知道自己的缺点，明白世间各种不同的心灵，帮助自己做一个更完美的人。

白得人财，赔偿还要加倍

◎ 我是主持人

白得人财便是不当得而取之，自己并未付出血汗，便拿了他人努力的成果。社会有公道，国家有法律，"一分耕耘，一分收获"才是正理。平白取人钱财，于理不合，于法不容。如果这是坏人对你另有所图，这财又岂是好消受的？只怕到时付出更大的代价而悔之晚矣。

◎ 原文

明犯国法，罪累岂能幸逃；白得人财，赔偿还要加倍。

◎ 注释

幸逃：侥幸脱逃。

◎ 译文

明明知道而故意触犯国法，岂能侥幸地逃避法律的制裁？平白无故地取人财物，偿还的要比得到的多几倍。

◎ 直播课堂

暗犯国法迟早会被人发现而受制裁，何况是明犯错误。明知违法而故犯，无非是权势之徒或是心存侥幸。权势大者岂能大于一国之君？侥幸一时岂能侥幸长久？今日有经济犯逃亡他国，以为得计，终日躲躲藏藏，不能叶落归根，形同放逐，褴褛于他国屋檐下，一旦遣送回来，更是身败名裂，何来侥幸之有？

浪子回头金不换，贵人失足损于德

◎ 我是主持人

人非圣贤，孰能无过，有德之人偶尔也有犯错的时候，但这并不可怕，可怕的是跌倒了赖在泥浆里不肯爬起，或是不好意思爬起，被人嘲笑是他自讨的。

◎ 原文

浪子回头，仍不惭为君子；贵人失足，便贻笑于庸人。

◎ 注释

浪子回头：浪荡的人改过自新，重新做人。

◎ 译文

浪荡子若能改过而重新做人，仍可做个无愧于心的君子。高贵的人一旦做下错事，连庸愚的人都要嘲笑他。

◎ 直播课堂

"贵人失足"中的"贵"并不是指富贵，而是指品德。"失足"则是品德上有了瑕疵，做出于道德有损的事。浪子回头，可令天下人原谅；贵人失足，却叫庸愚人嘲笑。这是鼓励天下浪子要改过自新，勉励有德之人要坚持到底，否则回头于名无益，失足于德无损，又何必有浪子和贵人之分呢？

饮食有节，男女有别

◎ **我是主持人**

人的欲望是无穷的，若是放纵这些永远不能满足的欲望去争夺有限的资源，很可能使道德沦丧、天理不彰。在人欲胜过天理的状况下，人很可能做出许多互相伤害乃至于不仁不义的事。如此一来，身为万物之灵的人类竟有仿佛禽兽啖食淫乐的行为，岂不可悲？

◎ **原文**

饮食男女，人之大欲存焉，然人欲既胜，天理或亡；故有道之士，必使饮食有节，男女有别。

◎ **译文**

饮食的欲望和男女的情欲，是人的欲望中最主要的。然而如果放纵它，让它凌驾于一切之上，可以使道德天理沦亡。所以，有道德修养的人，一定要饮食有节度，注意男女有分别。

◎ **直播课堂**

有德之士，必不使人类的心灵沦亡，因此在饮食和男女情欲上都要有一个节度和限制。饮食正常即可，无须太过豪奢；男女则有婚姻作法度，非夫妻而合谓之淫。如果社会上皆重饮食口腹而不重道德，男女淫奔而婚姻败坏，那么人性便要沦落了。

人生耐贫贱易，耐富贵难

◎ 我是主持人

富贵而难耐者，在于不能安于富贵，欲求不尽。而贫贱者既已一无所有，自然欲求就少，能自得其乐。

◎ 原文

东坡《志林》有云："**人生耐贫贱易，耐富贵难；安勤苦易，安闲散难；忍疼易，忍痒难；能耐富贵，安闲散，忍痒者，必有道之士也。**"余谓如此精爽之论，足以发人深省，正可于朋友聚会时，述之以助清谈。

◎ 注释

东坡：苏轼，北宋眉州眉山人，字子瞻，号东坡居士，著有《苏东坡集》《仇池笔记》《东坡志林》等。

◎ 译文

苏东坡在《志林》一书中说："人生要耐得住贫贱是容易的事，然而要耐得住富贵却不容易；在勤苦中生活容易，在闲散里度日却难；要忍住疼痛容易，要忍住发痒却难。假如能把这些难耐难安难忍的富贵、闲散、发痒，都耐得、安得、忍得，这个人必是个已有相当修养的人。"我认为像这么精要爽直的言论，足以让我们深深去体会，正适合在朋友相聚时提出来讨论，增加谈话的内容。

◎ 直播课堂

快刀斩麻易，抽丝剥茧难。痛之易受在于其明快，痒之难忍在于其犹疑不定。能在富贵中不失其志，在闲散中心有所安，在犹疑不定中不被牵引扰乱，必然是有相当修养的人才能做得到。像这些吉光片羽的良言，可以在朋友相聚时作为谈话的题材，使彼此都欢喜受益，总比谈一些无意义的事要好多了。

澹如秋水贫中味，和若春风静后功

◎ **我是主持人**

　　静可以澄涤万虑。烦躁恰如走在荆棘之中，寻不出一条活路。一旦静下心来才发现荆棘不过全是幻影，我们原本生活在和风吹拂的草原上，只是我们不曾发觉而已。我们要常静下来徜徉于心中的春风草原，而不要淹没在心中的烦躁旋涡里。

◎ **原文**

　　余最爱《草庐日录》有句云："澹如秋水贫中味，和若春风静后功。"读之觉矜平躁释，意味深长。

◎ **注释**

　　矜：自负，傲气。躁：烦躁。释：解除。

◎ **译文**

　　我最喜爱《草庐日录》中的一句话："贫穷的滋味就像秋天的流水一般澹泊，静下来的心情如同春风一样平和。"读后觉得心平气和，句中的话真是含意深远而耐人咀嚼。

◎ **直播课堂**

　　秋水淡而远，反觉天地辽阔，贫苦的滋味大致如此，因为本无所有，反于万物不起执着贪爱，心境自然平坦。不像富贵中人，宛如春夏繁花喧闹，反生烦恼。秋天可见万物凋零之态，至此方见富贵如繁花，总不长久。能不于春夏起执情，方能见秋水之美。如此才知天地万物是平等的。富贵与贫穷，便如繁花与秋水，对于天地而言并无偏爱，只是人心自不平等罢了。

兵应者胜而贪者败

◎ 我是主持人

止戈为武。兵者本是凶器，不得已而用之，无非是为了止戈。然而许多人不明白这点，以致用武成了攻城略地、胁迫贤良的工具。

◎ 原文

敌加于己，不得已而应之，谓之应兵，兵应者胜；利人土地，谓之贪兵，兵贪者败，此魏相论兵语也。然岂独用兵为然哉？凡人事之成败，皆当作如是观。

◎ 注释

利人土地：贪求别国土地之利。

◎ 译文

敌人来攻打本国，不得已而与之对抗，这叫作"应兵"，不得已而应战的必然能够得胜。贪图他国土地，叫作"贪兵"，为贪得他国土地而作战必然会失败，这是魏相论用兵时所讲的话。然而岂止是用兵打仗如此呢？凡是人事的成功或失败，往往也是如此啊！

◎ 直播课堂

应兵所以必胜，乃是因为人心都是爱好和平的，崇尚仁义的；贪兵所以必败，乃是因为人人都不愿被侵犯、受欺凌。大至国与国之间如此，小至人与人之间也是如此，所以，事情的成败得失，都要本着仁义去做。

险奇一时，常者永世

◎ 我是主持人

　　事之为奇为险，必不为常有之事，若是经常发生，也就不足为奇、不足成险了。奇险之事若要成功，往往不是一件容易的事，因为作为奇险，必然没有前例可循，也没有经验借鉴。如果侥幸得利益，也非长久之事。例如海中寻宝，奇则奇矣，险则险矣，岂是日日可得的，又岂可作为一生事业的依靠？

◎ 原文

　　凡人世险奇之事，决不可为，或为之而幸获其利，特偶然耳，不可视为常然也。可以为常者，必其平淡无奇，如耕田读书之类是也。

◎ 注释

　　特：只是。常然：常理如此。

◎ 译文

　　凡是人世间危险奇怪的事，绝不要去做，虽然有人因为做了这些事而侥幸得到利益，那也不过是偶然罢了！不可将它视为常理。可以作为常理的，一定是平淡而没有什么奇特的事，例如耕田、读书之类的事便是。

◎ 直播课堂

　　奇险不同于走在时代的前端，奇险之事现在不足为常理，未来亦不足为常理；而时代之先端则是由时代常道中看到未来的趋向，所看到的仍是常道的。读书和耕田是最平淡不过的事，然而正因为它是人类不可缺少的，所以到处可见，现在如此，未来亦如此。难道有一天人类竟不需要食物来补充体力，不需要读书来增加知识了吗？即使未来科技发达，那也不过是换了一种方式来做同样的事罢了。

忧先于事故能无忧，事至而忧无救于事

◎ 我是主持人

　　许多事情如果不事先考虑可能遇到的麻烦而加以准备的话，等到做时碰到困难就已经来不及了。为什么呢？一方面，事情本身像流水一般是不停止的，时机稍纵即逝；另一方面，有些困难需要多方面配合才能解决，一时之间如何能将这些条件凑齐呢？通常当你把种种条件集中起来时，事情已经无法挽救了。

◎ 原文

　　忧先于事故能无忧，事至而忧无救于事，此《唐史》李绛语也。其警人之意深矣，可书以揭诸座右。

◎ 注释

　　揭诸座右：题在座旁，作为警惕自己的格言。

◎ 译文

　　如果事前有思虑，在做的时候就不会有可忧的困难出现；若是事到临头才去担忧，那么对事情已经没有什么帮助了，这是《唐史》上李绛所讲的话。这句话具有警惕人的意味，可以将它写在座旁，时时提醒自己。

◎ 直播课堂

　　做事前要做好准备，就像国防一样，如果一个国家在平时不在国防方面努力、做好种种准备的话，等到兵临城下再去准备武器，恐怕到那时为时已晚矣！

人贵自立

◎ 我是主持人

尧舜生朱、均,瞽鲧生舜、禹,这说明了贤达之人完全是靠自己。即使祖上无德,也并不妨碍一个人成为圣贤;子孙再贤德,也不能改变自己的愚昧。

◎ 原文

尧舜大圣,而生朱均;瞽鲧至愚,而生舜禹;揆以馀庆馀殃之理,似觉难凭。然尧舜之圣,初未尝因朱均而灭;瞽鲧之愚,亦不能因舜禹而掩,所以人贵自立也。

◎ 注释

朱均:尧之子丹朱,舜之子商均,均不肖。瞽鲧:舜父瞽叟,曾与后母及舜弟害舜;禹父鲧,治水无功。

◎ 译文

尧和舜都是古代的大圣人,却生了丹朱和商均这样不肖的儿子;瞽和鲧都是愚昧的人,却生了舜和禹这样的圣人。若以善人遗及子孙德泽、恶人遗及子孙祸殃的道理来说,似乎不太说得通。然而尧舜的圣明,并不因后代的不贤而有所毁损;而瞽鲧那般的愚昧,也无法被舜禹的贤能所掩盖,所以,人最重要的是能自立自强。

◎ 直播课堂

人应该对自己的生命负责,所有外界的力量不足以影响到一个人向上的意愿。因为每个人的生命是一个独立的个体,每个人的心灵也是不与他人共有的。自我的成长只能靠自己,自己的生命也只有自己能照顾,谁也不能替你打算,谁也不能代替你选择。一个跌倒的人如果自己不想爬起来，任谁去扶他都没有用，他一样会倒下的。因此，人贵自立，他人是无法帮你自立的。

程子教人以静，朱子教人以敬

◎ 我是主持人

宋明理学有许多地方受佛家禅宗影响甚深，静、敬二字，大学者从中也能获益甚大，即使一般人只要学得这两字，获益又岂少呢？

◎ 原文

程子教人以静，朱子教人以敬，静者心不妄动之谓也，敬者心常惺惺之谓也。又况静能延寿，敬则日强，为学之功在是，养生之道亦在是，静敬之益人大矣哉！学者可不务乎？

◎ 注释

惺惺：清醒。

◎ 译文

程子教人"主静"，朱子教人"持敬"，"静"是心不起妄动，而"敬"则是常保觉醒。由于心不妄动，所以能延长寿命，又由于常保觉醒，所以能日有增长，求学问的功夫在此，培育生命的方法亦在此，"敬"和"静"两者对人的益处实在太大了！学子能不在这两点上下功夫吗？

◎ 直播课堂

敬是一种持养的功夫，静是一种不动的功夫。能静，所以心不乱，始终明明白白，不生烦恼，所以能延寿。能敬，所以不昏沉、不死寂，日起有功而常保醒觉以应物，所以能自强。

卜筮以龟筮为重

◎ **我是主持人**

吉凶往往决定于人，再凶险的事，只要不去做仍是吉的。卜筮的结论都是一些简单的道理，然而当事人却想不到或是明知而不肯听从。

◎ **原文**

卜筮以龟筮为重，故必龟从筮从乃可言吉。若二者有一不从，或二者俱不从，则宜其有凶无吉矣。乃洪范稽疑之篇，则于龟从筮逆者，仍曰作内吉。从龟筮共逆于人者，仍曰用静吉。是知吉凶在人，圣人之垂戒深矣。人诚能作内而不作外，用静而不用作，循分守常，斯亦安往而不吉哉！

◎ **注释**

卜筮：用龟占卦曰卜，以蓍占卦曰筮。

◎ **译文**

在古代占卜，是以龟甲和蓍草为主要的工具，因此一定要龟卜及筮卜皆赞同，一件事才可称得上吉。如果龟和蓍中有一个不赞同，或是两者都不赞同，那么事情便是凶险而无吉兆了。但是在《尚书·洪范·稽疑篇》中，则将龟卜赞同、蓍草不赞同的情形，视为做内面的事吉祥。即使龟甲和蓍草占卜的结果都与人的意愿相违，仍然要说无所为则有利。由此可知，吉凶往往决定在自己，圣人已经教训得十分明白了。人只要能对内吉外凶的事情在内行之而不在外行之，对于完全与人相违的事守静而不做，安分守己，遵循常道，那么岂不是无往而不利吗？

◎ **直播课堂**

凶事的发生是人受了情绪或是性格的影响。从《易经》的哲学中，我们可以看到一种不偏激、不走极端的人生观，只要能掌握变易之道，就能趋吉避凶。天下没有绝对吉的事，也没有绝对凶的事，趋吉避凶之道简单易行，就看你愿不愿意听从，并掌握住动静的时机。

每见勤苦之人绝无痨疾

◎ 我是主持人

显达之士出于寒门，因为寒门无所有，只能努力拼搏；富门出孽子，因为富门无所缺，只懂尽量消耗的缘故。《易经》上讲否极则泰来，既济之后则为未济，都是综合自然现象而归纳出的人事道理。如果不盈满，就不会走上亏损之路；如果始终保有未济的心情，就不会有既济之后的"初吉终乱"，这往往是由我们的态度来决定的。人心可以决定事情的变化，人们以什么样的态度去对待事情，会有不同的结果。

◎ 原文

每见勤苦之人绝无痨疾，显达之士多出寒门，此亦盈虚消长之机，自然之理也。

◎ 注释

痨疾：即肺结核。

◎ 译文

常见勤勉刻苦的人不会得痨病，显名闻达之士往往是劳苦出身，这便是盈则亏、消则长，也是大自然本有的道理。

◎ 直播课堂

月盈则缺，缺尽而满。季节亦复如此，夏天生机到了极盛时，便要走向秋冬的凋零，凋零到了尽头，又可迎向春天的生气。一般来说，勤苦之人无痨疾，乃是因为其外在肢体不断消耗，因此内在生机便源源不绝，正如月之由亏缺走向盈满阶段。享乐之人四体不勤还要进补，反而断了内在的生机，正如月之由盈满走向亏损的现象。

欲利己，便是害己

◎ **我是主持人**

很多事情所想的和所得到的结果往往恰好相反。欲利己而反害己，乃是因为人人都想利己，而利又未必能满足每一个人，因此在利之中必有许多争斗，人们常在未蒙其利时便已先受其害，或者已得其利而祸害随来。

◎ **原文**

欲利己，便是害己；肯下人，终能上人。

◎ **注释**

下人：屈居人下。

◎ **译文**

想要对自己有利，往往反而害了自己。能够屈居人下而无怨言，终有一天也能居于人上。

◎ **直播课堂**

俗话说："吃得苦中苦，方为人上人。"前一句便是"肯下人"的意思，后一句便是"能上人"的意思。反过来说，"不肯下人，终不能上人。"万丈高楼平地起，盖楼房岂有不打地基的？不挖地基而盖的楼房终禁不起风吹雨打而倒塌。如果不肯把自己放得低，好好学习，凭什么本领爬得高呢？没有人生下来就是成功的，那些成功的人，哪一个不是由低处经过了千辛万苦才爬到高处的？挨不住的早就下来了，还谈什么成功呢？

古之克孝者多矣，独称虞舜为大孝

◎ 我是主持人

周公的美才，只要从周代的礼乐行政都出自周公之手便可见一斑，这样的美才已是后世有才之人所难企及的，然而孔子仍说："使骄且吝，则不足观。"由此可知，周公最难能可贵的便是他的道德了。世人稍有才华便趾高气扬，然而周公"一沐三握发""一饭三吐哺"，而毫无骄吝之色。

◎ 原文

古之克孝者多矣，独称虞舜为大孝，盖能为其难也；古之有才者众矣，独称周公为美才，盖能本于德也。

◎ 注释

克孝：能够尽孝道。

◎ 译文

古来能够尽孝道的人很多，然而独独称虞舜为大孝之人，乃是因为他能在孝道上为人所难为之事。自古以来有才能的人很多，然而单单称赞周公美才，乃是因为周公的才能是以道德为根本。

◎ 直播课堂

能尽孝道的人固然多，但是像舜那般受了种种陷害，仍能保有孝心的毕竟少见。舜的父亲瞽是个瞎子，舜的母亲死后，瞽续弦生了象，由于喜欢后妻之子，因此时常想杀死舜。有一天，瞽要舜到仓廪修补，瞽从下放火烧屋，舜利用斗笠护身跳下逃生。瞽又要舜挖井，舜在挖井的时候瞽和象趁机将井填实，舜从预留的孔道逃出才得以不死。瞽虽如此待舜，舜仍然孝顺他，并且友爱兄弟，若换了他人，早就因瞽"父不父"，而自己也

"子不子"了，要不然也早离家出走，能像舜这样尽孝道，实在是十分难得。

不能缩头休缩头，得放手时须放手

◎ 我是主持人

人生福祸难料，虽然每一个人都想趋吉避凶，但是却不能事事如愿。一旦遇到于情于理都不应当逃避的事情，即使做了于己有害，仍然应该去做。"见义不为无勇也"，这个"义"便是"不能缩头"之事。行义本需极大的勇气。革命先烈献身之前难道不知那样做会给自己带来杀身之祸吗？当然知道，只是面对当时人民的痛苦和列强的瓜分已经到了有识之士不能缩头的时候，所以，他们慷慨赴义，虽死不惜。

◎ 原文

不能缩头者，且休缩头；可以放手者，便须放手。

◎ 注释

缩头：比喻不应当逃避。

◎ 译文

于情于理不应当逃避的事，就要勇敢地去面对。可以不要放在心上的事，就要将它放下。

◎ 直播课堂

"可以放手者，便须放手"，且想想人生到底有什么事不能放手？现在不放手，死时还不放手吗？一切恩怨情仇、富贵钱财，死时还管得了吗？禅宗教人放下，世人却往往为了一些小事争得面红耳赤，平添许多烦恼，不肯对声名放手，不肯对面子放手，不肯对怨恨放手……对人生彻悟的人却唱着"春有百花秋有月，夏有凉风冬有雪，若无闲事挂心头，便是人间好时节"。不能放手的人，真是永远也没有"好时节"。

居易俟命见危授命，木讷近仁巧令鲜仁

◎ 我是主持人

凡是会用言语欺骗人、讨好人的人，因为心有所求，往往不会有什么仁心。有仁德的人只会说实话，实话往往不好听，也不讨好人，因为他无求于你。因此，求仁道的人应该知道注意自己的言行，继而才可使自己的心"近仁"。

◎ 原文

居易俟命，见危授命，言命者总不外顺受其正；木讷近会，巧令鲜仁，求仁者即可知从人之方。

◎ 注释

易：平时。俟：等待。授：给予。木讷：质朴迟钝，没有口才。巧令：巧言令色。鲜：少。

◎ 译文

君子在平日不做危险的言行，以等待时机，一旦国家有难，便能奉献自己的生命去挽救国家的命运，讲命运的人总不外乎将命运承受在应该承受与投注之处。言语不花巧则接近仁德了，反之，话说得好听、脸色讨人喜欢的人往往没有什么仁心，寻求仁德的人由此可知该由何处做起才能入仁道。

◎ 直播课堂

君子不做危险而无意义的事，因此要保留其身用在该用之处。不像小人，将其生命虚掷在无意义的争斗上，白白地浪费了生命。有道德的君子知道命运的取舍，若是要奉献自己的生命，他一定将生命奉献在最有价值

的地方。因此，有德的君子能"见危授命"，而小人只能"见利授命"，其结果则是君子之死"重于泰山"，而小人之死"轻于鸿毛"。

见小利，不能立大功

◎ 我是主持人

"公"字本身便是"无私"的意思，唯有无私心的人才能不顾个人的利害而为大众谋福利。如果存有私心，在公利与私利之间，必会取私利而舍公利；而在公害与私害之间，只图免去私害而无法顾及公害。私和公经常是冲突的，不能兼得，如果存私心当然就无法全心地为公众谋事，而要时时顾念自身的利害了。

◎ 原文

见小利，不能立大功；存私心，不能谋公事。

◎ 译文

只能见到小小的利益，就不能立下大的功绩。心中存着自私的心，就不能为公众谋事。

◎ 直播课堂

如果要立下大的功业，绝不能只着眼在利上面，因为有许多事并非一个"利"字所能涵盖的。利又有"大利"和"小利"之分。"大利"是众人的利益，"小利"是个人的利益，大利犹可为，斤斤计较自己的小利，如何能成大功业？立大功，需要有远见，见小利的人却是短视的。立大功的人必须抛去个人的利害，这也是见小利的人无法做到的。

正己为率人之本

◎ **我是主持人**

　　事物得来不易才弥足珍贵，唯恐失之而不复得，守成之所以要念创业之艰的道理就在这里。任何事在开办之初，总是克服了许多困难才取得成功的，但是经过了一段时日后，或者是当事者，或者是后人，常常会忘了当初创立时的艰辛，以致在维护上不再花费心力，使得原本辛苦建立的事业毁于一旦。

　　如果能时时不忘当初的辛苦并提醒后人，相信许多伟大的事业不会迅速地在时光中淹没，而会不断地发扬光大。这样一来，前人的努力才不会白费，后人也不须再从头开始建立前人早已达到的成果，而可以把大部分精力用在进一步的拓展上。

◎ **原文**

　　正己为率人之本，守成念创业之艰。

◎ **注释**

　　正己：端正自己。

◎ **译文**

　　端正自己为带领他人的根本，保守已成的事业要念及当初创立事业的艰难。

◎ **直播课堂**

　　常见许多做主管的，自己做错了，却要求属下做得正确，使得属下十分不服。事实上，自己做得正确不仅是一个领导表率统御上的问题，同时，也是一个事情能不能办得好的效率问题。如果带一群人到一个目的地，带路的却是个瞎子，试想这群人到得了目的地吗？所谓"正己为率人之本",这个"正"字不仅是端正自己的行为,使自己在品德上能够成为他人的榜样,同时,也是端正自己的认识,使自己在知识和见解上足以带领他人,否则凭什么叫他人听你的呢?

人生不过百,懿行千古流

◎ 我是主持人

每个人一生都有自己的工作和想要完成的理想及目标。生命并不长久,禁不起旁鹜浪费,往往一耽误时间就所剩无多。若要一生无憾,最重要的便是不要把生命抛掷在一些无意义的闲事上。生命要活得有意义,就要分秒都花在最有价值的事物上。

◎ 原文

在世无过百年,总要作好人,存好心,留个后代榜样;谋生各有恒业,哪得管闲事,说闲话,荒我正经工夫。

◎ 注释

恒业:恒久的事业。

◎ 译文

人活在世上不过百年,总要做个好人,存着善心,为后人留个学习的榜样;谋生计是个人恒常的事业,哪有时间去管一些无聊的事,说些无聊的话,荒废了正当的工作。

◎ 直播课堂

人生不过百年,谁也活不了千岁,何苦不做好人?偏要在这短短的百年中争强斗狠,弄得千年后还有人责骂。有什么利益能超过百年、带进棺材的?做个好人就算活不到百岁,也会快活舒适;存着恶心就算活上千年,仍是祸害一个。

下篇 《围炉夜话》深度报道

第一章
智慧依的是强大心灵

人生只有拥有大智慧，才能看清世间的大是大非。有真智慧的人，深知人性，了解人生，所以方能宁静淡泊以处世，忠厚仁义以待人；有真智慧的人，方能使人生真平等，真自由，真幸福，真圆满。

出使狗国，才进狗门

春秋末期，诸侯均畏惧楚国的强大，小国前来朝拜，大国不敢不与之结盟，楚国简直成了诸侯国中的霸主。

齐相国晏婴，奉齐景公之命出使楚国。楚灵王听说齐使为相国晏婴后对左右说："晏平仲身高不足五尺，但是却以贤名闻于诸侯，寡人以为楚强齐弱，应该好好羞辱齐国一番，以扬楚国之威，如何？"

太宰一旁言道："晏平仲善于应对问答，一件事不足以使其受辱，必须如此这般方可。"楚灵王大悦，依计而行。

晏婴身着朝衣，乘车来到了楚国都城东门，见城门未开，便命人唤门，守门人早已得了太宰的吩咐，指着旁边的小门说："相国还是从这狗洞中进出吧！这洞口宽敞有余，足够您出入，又何必费事打开城门，从门而入呢？"

晏婴听罢笑了一笑，言道："这可是狗进出的门，又不是人进出的门，出使狗国的人从狗门出入，出使人国的人从人门出入，我不知道自己是来到了人国呢，还是狗国呢？我想楚国不会是一个狗国吧！"

守门之人将晏婴的话传给了楚灵王，楚灵王听罢沉思了一会儿，才无可奈何地吩咐打开城门，让晏婴堂堂正正地进入了楚都。

以貌识人，只能显示出自己的无知。智慧依靠强大的心灵和聪明的头脑，而不是外貌。仅靠表面现象来看待人和事物，首先被欺骗的往往是我们自己。

不道是非，不扬人恶

颜回有一次向孔夫子请教朋友之间相处之道，夫子回答他说："君子对于朋友，即使认为对方有所不当，也仍只说自己不了解他是一位仁爱之人。对朋友旧日的恩情念念不忘，对过去的仇怨不记恨，这才是仁德之人的存心。"

有一次武叔来拜访颜回，言谈之中指责他人的错误并加以评论。颜回说："本来承蒙您到这里来，应该使您有所收获。我曾听夫子说过：'谈论别人的不是并不能显出自己的好处；讲别人的邪恶，也不能显出自己的正直。'因此有道德之人只是就事而论，指责自己的错误，而不去批评别人的不是。"

颜回又对子贡说："孔夫子说：'自己不讲礼仪，却希望别人对自己有礼，自身不讲道德，却希望别人对自己有道德，这是不合条理的。'夫子这句话，果真不能不深思啊！"

《弟子规》有云："见人恶，即内省。有则改，无加警。"又云："扬人恶，即是恶。疾之甚，祸且作。"这是教导我们，当看到他人有不是之处时，不能贬低、指责或宣扬，而是借此先反省自己，有则改之，无则加勉。何况有时我们所看到、听到的未必就是事实，倘若无端地加以批判、宣扬，便卷入了是非谣言的传播之中。人非圣贤，孰能无过？若能怀着一颗包容宽恕的心去体谅他人，进而给予关怀、帮助、提醒，相信会让彼此之间更加融洽，也能让人如沐春风，从而心生惭愧，改往修来。

匡人解甲

孔子前往宋国，到了匡地时，由于阳虎曾经施暴力于匡地的人民，孔子与阳虎长得又很相似，于是匡地的人以为阳虎又来了，赶快报告给匡地的主宰简子。简子听后马上率领士兵，披上铠甲驱马前往，将孔子一行人团团围住。

子路生性勇猛，一见匡人围攻，不知何故，非常不悦，拿起兵器便要与他们决一死战。然而，孔子此时竟能平心静气，先检点自己有无过失，继而以礼乐教化，让子路取出琴来，请子路歌，自己来和，用那哀伤的曲调表达了委婉陈情之意。这一举动，与阳虎完全不同。发怒的匡人顿时冷静下来，仔细一思索，此人虽貌似阳虎，却是一位彬彬有礼的君子，原来他是鲁国的大圣人孔子啊！匡人大感惭愧，也备受感动，自动脱去了盔甲，以示不会侵犯，静静地离去了。

我们在生活中，遇到一些不顺或是突变，应当冷静思考，不要乱了方寸。因为有时可能只是一个小误会，若意气用事反可能加深误会，使问题更加严重。能够以一颗理智、仁爱之心，体察他人、客观面对，则将更有助于误会的消除，从而化解冲突，使彼此更为和睦。

管鲍之交

春秋时鲍叔牙和管仲是好朋友，二人相知很深。

他们俩曾经合伙做生意，一样地出资出力。分利的时候，管仲总要多拿一些。别人都为鲍叔牙鸣不平，鲍叔牙却说，管仲不是贪财，只是他家里穷呀。

管仲几次帮鲍叔牙办事都没办好，三次做官都被撤职。别人都说管仲没有才干，鲍叔牙又出来替管仲说话："这绝不是管仲没有才干，只是他没有碰上施展才能的机会而已。"

更有甚者，管仲曾三次被拉去当兵参加战争而三次逃跑，人们讥笑地说他贪生怕死，鲍叔牙再次直言："管仲不是贪生怕死之辈，他家里有老母亲需要奉养啊！"

后来，鲍叔牙当了齐国公子小白的谋士，管仲却为齐国另一个公子纠效力。两位公子在回国继承王位的争夺战中，管仲曾驱车拦截小白，引弓射箭，正中小白的腰带。小白弯腰装死骗过管仲，日夜驱车抢先赶回国内继承了王位，即齐桓公。公子纠失败被杀，管仲也成了阶下囚。

齐桓公登位后，要拜鲍叔牙为相，并欲杀管仲报一箭之仇。鲍叔牙坚辞相国之位，并指出管仲之才远胜于己，力劝齐桓公不计前嫌，用管仲为相。齐桓公于是重用管仲，果然如鲍叔牙所言，管仲的才华逐渐施展出来，终使齐桓公成为春秋五霸之一。

心胸狭窄、智慧薄劣的人常常会辨别：这是朋友，那是敌人。智者却一视同仁，慈悲一切众生。

宋桓公罪己

春秋时，宋国遭受了重大的水灾，鲁国国君差人去慰问。宋庄公的公子御说（即后来的宋桓公）受他父亲之命，对鲁国的使者说："因为我的不敬，所以上天降下了灾祸，又使得贵国的君侯忧虑，这使我们觉得很抱歉。"就此拜受了鲁国国君的慰问。

鲁国的大夫官臧文仲知道了这一番话，说："宋国将要兴起了。从前夏朝禹王、商朝汤王，每每归罪自己，他们都很快地兴起了。亡国的君主，夏朝的桀、殷朝的纣，件件归罪别人，他们都亡国了。并且诸侯列国里面，有了凶灾的事情，就自己称孤，这是最合于礼的。言语既谨慎，称呼又很合礼，所以宋国的兴起是无疑的了。"

古人曾说："君子有了过错，就老老实实向人家认错道歉；小人有了过错，向人家解释时就极力掩饰自己的错误。"宋桓公遇事能以君子处之，恤民罪己，不愧是一代明主。虚心使人进步，骄傲使人落后，多反省自己，看到自己的不足才有可能进步。

上行下效

有一天，齐景公宴请各位大臣。酒席上，君臣举杯助兴高谈阔论，直到下午才散。酒后，君臣余兴未尽，大家一起射箭比武。轮到齐景公，他举起弓箭，一支箭也没射中靶子，然而大臣们却在那里大声喝彩道："好箭！好箭！"

景公听了，很不高兴，他沉下脸来，把手中的弓箭重重摔在地上，深深地叹了一口气。

正巧，弦章从外面回来。景公伤感地对弦章说："弦章啊，我真是想念晏子。晏子死了已经17年了，从那以后就再也没有人愿意当面指出我的过失。刚才我射箭，明明没有射中，可他们却异口同声一个劲地喝彩，真让我难过呀！"

弦章听了，深有感触。他回答景公说："这是大臣们不贤。论智慧，他们不能发现您的过失；谈勇气，他们不敢向您提意见，唯恐冒犯了您。不过呢，有句话说'上行下效'。国君喜欢穿什么衣服，臣子就学着穿什么衣服；国君喜欢吃什么东西，臣子也学着吃什么东西。有一种叫尺蠖（huò）的小虫子，吃了黄色的东西，它的身体就变成黄色；吃了蓝色的东西，它的身体就又变成蓝色。刚才您说，17年来没有人再指出过您的过失，这是否是因为晏子去世后，您就听不进批评而只喜欢听奉承话呢？"

齐景公闻言豁然开朗。

只有真心愿意接受批评，才会经常听到别人对你的批评、建议。如果总是听到别人恭维自己，那恐怕原因就在自己身上。

绝缨

"绝缨"的典故源于汉代刘向的《说苑·复恩》。

楚庄王一次平定叛乱后大宴群臣，宠姬嫔妃也统统出席助兴。席间丝竹声响，轻歌曼舞，美酒佳肴，觥筹交错，直到黄昏仍未尽兴。楚王乃命点烛夜宴，还特别叫最宠爱的两位美人许姬和麦姬轮流向文臣武将们敬酒。

忽然一阵疾风吹过，筵席上的蜡烛都熄灭了。这时一位官员斗胆拉住了许姬的手，拉扯中，许姬撕断衣袖得以挣脱，并且扯下了那人帽子上的缨带。许姬回到楚庄王面前告状，让楚王点亮蜡烛查看众人的帽缨，以便找出刚才无礼之人。

楚庄王听完，却传令不要点燃蜡烛，而是大声说："寡人今日设宴，与诸位务必要尽欢而散。现请诸位都去掉帽缨，以便更加尽兴饮酒。"

听楚庄王这样说，大家都把帽缨取下，这才点上蜡烛，君臣尽兴而散。席散回宫，许姬怪楚庄王不给她出气。楚庄王说："此次君臣宴饮，皆在狂欢尽兴，融洽君臣关系。酒后失态乃人之常情，若要究其责任，加以责罚，岂不大煞风景？"许姬这才明白楚庄王的用意。

这就是历史上著名的"绝缨宴"。

七年后，楚庄王伐郑。一名战将主动率领部下先行开路。这员战将所到之处拼力死战，大败敌军，直杀到郑国国都之前。战后楚庄王论功行赏，才知其名叫唐狡。他表示不要赏赐，坦承七年前宴会上无礼之人就是自己，今日此举全为报七年前不究之恩。

楚庄王一时的忍让宽容，无形中却救了自己一命。善待别人，就是善待自己。用宽容照见人生，人生往往会回报给自己康庄大道。

赵襄王学驾车技巧

赵襄王向王子期学习驾车技巧，刚刚入门不久，他就要与王子期比赛，看谁的马车跑得快。可是，他一连换了三次马比赛三场，每次都远远地落在王子期的后面。

赵襄王很不高兴，责问王子期道："你既然教我驾车，为什么不将真本领完全教给我呢？难道还想留一手吗？"

王子期回答说："驾车的方法、技巧，我已经全部教给大王了。只是您在运用的时候有些舍本逐末，忘却了要领。一般来说，驾车时最重要的是使马在车辕里松紧适度，自在舒适；而驾车人的注意力则要集中在马的身上，沉住气，驾好车，让人与马的动作配合协调，这样才可以使车跑得快、跑得远。

可是刚才您在与我赛车的时候，只要是稍有落后心里就着急，使劲鞭打奔马，拼命要超过我；而一旦跑到了我的前面，又时常回头观望，生怕我再赶上您。

总之，您是不顾马的死活，总是要跑到我的前面才放心。其实，在远距离的比赛中，有时在前有时落后，都是很正常的。而您呢，不论领先还是落后，心情都十分紧张，您的注意力几乎全都集中在比赛的胜负上了，又怎么可能去调好马、驾好车呢？这就是您三次比赛、三次落后的根本原因啊。"

无论做什么事，都要专心致志，集中精力，掌握要领，不计功利。如果过于患得患失，往往会事与愿违。

赵孝争死

在汉朝的时候，有一个叫赵孝的人，字常平。他有一个弟弟叫赵礼，兄弟两个人十分友爱。

有一年由于收成不好，粮食减产歉收，饥荒严重，社会治安也很混乱，甚至连吃人的事情也时有发生。有一次，一伙强盗四处抢掠，在老百姓的家中大肆搜寻一阵，见找不出多少粮食和值钱的东西，一怒之下他们就抓人，恰好把弟弟赵礼给捉走了。

赵礼虽然身体瘦弱，但是穷凶极恶的强盗们也不肯放过他，将他五花大绑捆起来后系在一个树上，然后在旁边架起炉灶生起火来开始烧水，准备拿赵礼来充饥。

哥哥赵孝虽然幸运地躲过了这一劫，但弟弟被掠走的消息让赵孝心如刀割。他决心赔上自己的性命也要救出弟弟。

赵孝哀求强盗说："我弟弟是一个有病的人，而且身体也很瘦弱，他的肉一定不好吃，请你们放了他吧！"

强盗们一听大怒，气汹汹地对赵孝说："放了他，我们吃什么？"赵孝说："只要你们放了赵礼，我愿意给你们吃，况且我的身体很好，没有病，还很胖。"

赵礼哭着说："被捉来的是我，被你们吃掉，这是我自己命里注定的，可是哥哥他有什么罪过呀？怎么可以让他去死呢？"

这些无恶不作的强盗们，听着兄弟互相争死的话语，望着手足舍身相救的场面，被深深震慑住了。他们那坚封已久的恻隐之心被这人间真情真义的感人场面唤醒了，也都不免淌下了热泪。旋即，他们无声地放走了兄弟两人。

后来，这件事辗转传到了皇帝那里，皇帝是一个深明仁义道德之君，不仅下诏书封了兄弟二人官职，而且把他们以德感化强盗的善行昭示于天下，让全国百姓效仿学习。

兄弟如手足，同根连枝，同体相生。放眼世界，万物虽有类聚群分，实则如兄弟一样，互相之间休戚相关。因此，要想拥有美好幸福的生活，就必须以仁爱之心，真诚地关爱一切众生。

朱冲送牛

晋代有个人叫朱冲，他从小就待人宽厚，特别有智慧，但由于家境贫寒，没钱上学读书，只好在家种地放牛。隔壁有个人心地很坏，平时好占便宜，三番五次地把牛放到他家的地里吃庄稼。朱冲看到后不但不发脾气，反而在收工时带一些草回来，连同那吃庄稼的牛，一起送回主人家，并说："你们家里牛多草少，我可以给你们提供方便。"那人一听，又羞愧又感激，从此再也不让牛去糟蹋庄稼了。朱冲的待人厚道赢得了乡邻的一片赞扬。

朱冲礼让恶邻，厚德载物，使周围的风气发生很大变化，乡里路不拾遗，村落没有行凶的恶人，这就是仁者风范。人格贤善，自然能够得到别人的尊重。

南亭北亭

曾有相邻的两个国家，各在边境设置界亭。亭卒们也都在各自的地界种了西瓜。北边的亭卒勤劳，瓜身长势良好。南边的亭卒懒惰，瓜身又瘦又弱。

南亭的人觉得失了面子，夜里偷偷地跑过去，把北边的瓜秧全扯断了。北亭的人次日发现后气愤不平，便报告当地长官，说我们也过去把他们的瓜秧扯断好了。

长官说："他们这样做当然很卑鄙。可是我们明明不愿他们扯断我们的瓜秧，为什么再反过去扯断人家的瓜秧？别人不对，我们再跟着学，那就太狭隘了。从今天起，每天晚上去给他们的瓜秧浇水，让他们的瓜秧长得好，却一定不能让他们知道。"

北亭的人觉得有道理就照办了。南亭的人发现自己的瓜秧一天好似一天，发现是北亭的人在夜里悄悄为他们浇水，便将此事报告给自己的长官。长官听后感到十分惭愧，又十分敬佩，便将此事告诉给南国的王。南王听说后，有感于北人修睦边邻的诚心，特备重礼送北王以示自责，也表示酬谢。结果，这一对敌国变成友好的邻邦。

俗语说：种瓜得瓜，种豆得豆。俗语也说：冤家宜解不宜结。如果你跳脱冤冤相报的恶性循环，始终以善念对待一切人事，最后所收获的一定令人惊讶。

第二章
谦让的处世智慧

谦让,是人生前行的一张通行证;谦让,是幸福微笑的一包催化剂;谦让,是和谐相处的必要条件。如此,不怕半路被拦截,不怕伤心流泪,更不怕会有争吵。谦让不仅是一个人的一种美德、一种胸怀、一种豁达、一种无私,更是一种境界。

宥坐之器

《荀子》中记述了这样一件事。孔子到鲁桓公的庙里参观，看见一只倾斜的器皿，便向守庙的人询问："这是什么器皿？"守庙的人回答说："这是君王放在座位右边警戒自己的器皿。"孔子说："我听说君王座位右边的器皿，空着便会倾斜，倒入一半水便会端正，而灌满了水就会倾覆。"孔子回头对弟子们说："向里面倒水吧。"弟子们舀水倒入其中。大家看到，水倒入一半器皿就端正了，灌满了水器皿就翻倒了，空着的时候器皿就倾斜了。孔子感叹说："唉，哪里有满了不翻倒的呢？"

子路问："有什么保持满的方法吗？"

孔子回答说："聪明和高深的智慧，要用愚钝的方法来保持它；功劳遍及天下，要用谦让来保持它；勇力盖世，要用胆怯来保持它；富足而拥有四海，要用节俭来保持它；这就是抑制并贬损自满的方法。"

无论是身居高位还是平民百姓，都要有知止、有度、谦让的处世态度，近可以明哲保身，远可以兴邦安民。

将相和

战国时候，秦国最强，常常进攻别的国家。

赵国舍人蔺相如奉命出使秦国，不辱使命完璧归赵，所以封了上大夫；又陪同赵王赴秦王设下的渑池会，使赵王免受侮辱。为表彰蔺相如的功劳，赵王封蔺相如为上卿。

廉颇很不服气，他对别人说："我攻无不克，战无不胜，立下许多大功劳。蔺相如有什么能耐，就靠一张嘴，反而爬到我头上去了。我碰见他，得让他下不了台！"这话传到了蔺相如耳朵里，蔺相如就请病假不上朝，免得跟廉颇见面。

有一天，蔺相如坐车出去，远远看见廉颇骑着高头大马过来了，他赶紧叫车夫把车往回赶。蔺相如手下的人看不顺眼，说："蔺相如怕廉颇像老鼠见了猫似的，为什么要怕他呢！"蔺相如对他们说："诸位请想一想，廉将军和秦王比，谁厉害？"他们说："当然秦王厉害！"蔺相如说："秦王我都不怕，会怕廉将军吗？大家知道，秦王不敢进攻我们赵国，就是因为武有廉颇，文有蔺相如。如果我们俩闹不和，就会削弱赵国的力量，秦国必然乘机来打我们。我避着廉将军，是为赵国啊！"

蔺相如的话传到了廉颇的耳朵里。廉颇静下心来想了想，觉得自己为了争一口气就不顾国家的利益，真是不应该。于是，他脱下战袍背上荆条，到蔺相如门上请罪。蔺相如见廉颇来负荆请罪，连忙热情地出来迎接。从此以后，他们俩成了好朋友，同心协力保卫赵国。

海纳百川，有容乃大。蔺相如以国家大事为重，始终忍让，将相和好，共同辅国，国家无恙。

孺子可教

《史记·留侯世家》中讲了一个张良敬老的故事。张良，原姓姬，是战国时期韩国的贵族，他的祖父、父亲都做过韩国的宰相。公元前230年，秦国灭掉韩国，张良因此与秦国结下深仇大恨。后来因为行刺秦始皇没有成功而遭到通缉，于是张良就改名换姓，逃到下邳（pī）躲藏。

一天，张良悠闲地在下邳桥上散步，有一位穿着粗麻衣服的老人走到张良面前，故意把自己的鞋子扔到桥下。张良心下纳闷，紧接着听到老人喊他："小子，去给我把鞋子捡上来！"张良非常恼怒，但他念及老者年纪大了，便忍气吞声地到桥下捡鞋。鞋捡上来，没想到老人又冲张良伸出脚，说："给我穿上鞋！"张良心想："好人做到底，既然已帮他把鞋捡上来了，就替他穿上鞋吧。"老人穿上鞋，站起身大笑而去。张良感到惊讶，目送老人离去。老人离开了约一里远，又返回来说："真是孺子可教啊！五天后天一亮在此地等我。"张良心想这老者是个奇人，必有来历，于是恭恭敬敬地答应下来。

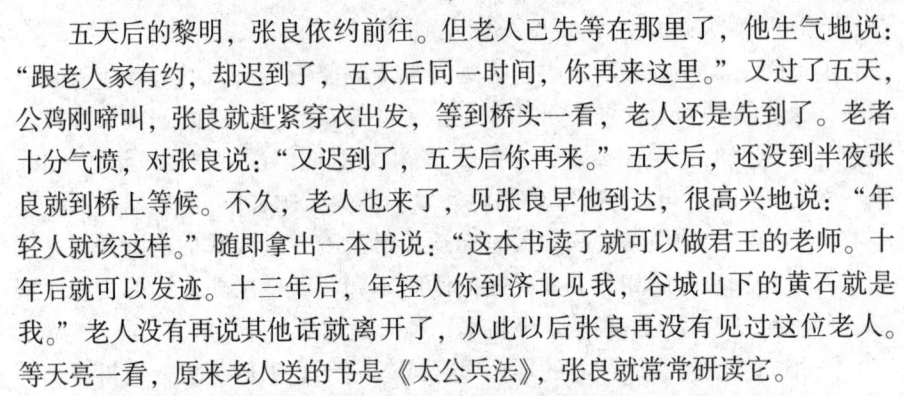

五天后的黎明，张良依约前往。但老人已先等在那里了，他生气地说："跟老人家有约，却迟到了，五天后同一时间，你再来这里。"又过了五天，公鸡刚啼叫，张良就赶紧穿衣出发，等到桥头一看，老人还是先到了。老者十分气愤，对张良说："又迟到了，五天后你再来。"五天后，还没到半夜张良就到桥上等候。不久，老人也来了，见张良早他到达，很高兴地说："年轻人就该这样。"随即拿出一本书说："这本书读了就可以做君王的老师。十年后就可以发迹。十三年后，年轻人你到济北见我，谷城山下的黄石就是我。"老人没有再说其他话就离开了，从此以后张良再没有见过这位老人。等天亮一看，原来老人送的书是《太公兵法》，张良就常常研读它。

相传《太公兵法》是姜子牙帮助周武王讨伐商纣后所写的兵书。张良后来果真利用书中的兵法，辅佐刘邦建立了汉朝。

张良的敬老尊贤与持之以恒的态度，为自己赢得了信任与赏识，也正因为他怀着恭敬之心去研读老者所授之书，才能真正领悟书中精髓，并因此受益。

狄仁杰的为人之道

狄仁杰是武则天当政时的著名宰相。他在当豫州刺史时，办事公平、执法严明，受到当地人民的称赞。于是，武则天把他调回京城任宰相。

有一天，武则天对狄仁杰说："听说你在豫州的时候，名声很好，政绩突出，但也有人揭你的短，你想知道是谁吗？"

狄仁杰答道："人家说我的不好，如果确是我的过错，我愿意改正。如果陛下已经弄清楚不是我的过错，这是我的幸运。至于是谁在背后说我的不是，我不想知道，这样大家可以相处得更好些。"

武则天听了，觉得狄仁杰气量大，胸襟宽广，很有政治家的风度，更加赏识、敬重他，尊称他为"国老"，还赠给他紫袍色带，并亲自在袍上绣了12个金字，以表彰他的功绩。

后来狄仁杰因病去世，武则天流着泪说："上天过早地夺去了我的国老，使我朝堂里没有像他那样的人才了。"

气量与胸襟都是人格贤善的基石。学会公正地看待流言，往往是成长的必经之路！

阎立本观画

　　被人称为"丹青神化"的唐代画家阎立本，出生在雍州万年（今西安市）一个绘画艺术之家。他在父亲和哥哥的培养下，十六七岁就因落笔不俗而名噪乡里。但阎立本却总觉得自己的水平还比不上一些古代的名画家。

　　有一天有人告诉他，在长江之滨的荆州新发现了一块张僧繇（yáo）的绘画石刻。阎立本一听，喜形于色，暗想张僧繇是南北朝时期的"画圣"之一，尤其是他画的龙栩栩如生，令人叫绝，我何不前往荆州一饱眼福啊！

　　于是他毅然带上笔墨纸砚，踏上了千里行程。

　　经过两个多月的跋山涉水，阎立本终于平安到达了荆州。他住进旅店，风尘未洗就请店家领他去看绘画石刻。绘画石刻是在一家菜园的角落里，上面已被涂上了许多污泥，不少地方难以辨认。石刻周围荒草丛生，乌鸦鼓噪，阴气森森。

　　阎立本打眼一看，大失所望："原来不过如此，我白来一趟了。"可回店之后，他又觉得自己有点太轻率了。第二天一早，他回到原处，擦掉污泥，细看一番才发现画中果然有不少妙处。

　　第三天，他提来一桶水，把石刻认真冲刷了几遍，再细心端详反复揣摩，更觉得张僧繇的技艺高人一筹。他越看越入迷，白天看不够，晚上又打起灯笼继续观赏。

　　就这样，阎立本在石刻前竟一坐就是十几天。

　　只有谦虚地吸取各家之长，才能做到"青出于蓝而胜于蓝"。

学无止境

　　苏东坡从小就喜欢读书，他天资聪明、过目不忘，每看完一篇文章便能一字不漏地背出来。经过几年苦读，他已是饱学之士。一天，他乘着酒兴挥笔写了一副对联，命家人贴在大门口。上面写道："读遍天下书，识尽人间字。"

　　过了几天，苏东坡正在家看书，忽听仆人通报门外有人求见。他出来一看，是位白发苍苍的老头儿。老头儿指着门上的对联问他："你真已读遍天下书，识尽人间字了吗？"

　　苏东坡一听，心里很不高兴，傲慢地说："难道我能骗人吗？"

　　老头儿从口袋里摸出一本书，递上前说："我这里有本书，请帮我看看，上面写的是什么？"

　　苏东坡接过书，从头翻到尾，又从尾翻到头，书上的字竟一个也不认得。他不禁羞愧万分，觉得自己说大话太丢脸，伸手想把门上的对联撕掉。

　　老头儿忙上前阻止道："慢！我可以把这副对联改一下。"于是在每句前面各添两个字，改成："发愤读遍天下书，立志识尽人间字"，并谆谆告诫："年轻人，学无止境啊！"

　　我们在求学的过程中，也要记住"学无止境"这句话，万万不能骄傲自满、得少为足。

程门立雪

　　宋朝有一位有学问的人名叫杨时，他对老师十分尊重，一向虚心好学。"程门立雪"便是他尊敬老师、刻苦求学的一段小故事。

杨时在青少年时代就非常用功，后来中了进士不愿做官，继续访师求教，钻研学问。当时，程颢（hào）、程颐兄弟是全国有名的学者。杨时先是拜程颢为老师，学到了不少知识。4年后程颢逝世，为了继续学习，他又拜程颐为老师。这时候，杨时已经40岁了，但对老师还是那么谦虚、恭敬。

　　有一天天空浓云密布，眼看一场大雪就要到来。午饭后，杨时为了找老师请教一个问题，约了同学游酢（zuò）一起去程颐家里。守门人说程颐正在睡午觉，他们不愿打扰老师的午睡，便一声不响地立在门外等着。

　　天上飘起了鹅毛大雪，越下越大。他们站在门外，雪花在头上飘舞，凛冽的寒气冻得他们浑身发抖，可他们仍旧站在门外等着。

　　过了好长时间，程颐醒过来了，这才知道杨时和游酢在门外雪地里已经等了好久，便赶快叫他们进来。这时门外的雪已经积得有一尺多深了。

　　杨时这种尊敬老师的优良品德一直受到人们的称赞。正由于他能够尊敬师长，虚心向老师求教，学业才进步很快，后来终于成为一位全国知名的学者。四面八方来的人都不远千里地来拜他为老师，大家尊称他为"龟山先生"。

第三章
爱的教育

所谓"百行孝为先",这反映从古至今中华儿女极为重视孝的观念。孝顺原指爱敬天下之人,顺天下人之心的美好德行,后多指尽心奉养父母,顺从父母的意志。试想一下,一个连生他养他的父母都不爱的人,怎么能指望他去爱别人呢?可见,人世间一切的爱都需要从爱父母开始。

舜的故事

《史记》中记载，舜的父亲是个瞎子，他的生母去世后，父亲又娶了一个妻子，并生了一个儿子。父亲喜欢后妻的儿子，总想杀死舜，遇到小过失就要严厉惩罚他。但舜却孝敬父母、友爱弟弟，从来没有松懈怠慢。舜非常聪明，父亲想杀舜的时候却找不到他，但有事情需要他的时候，他又总在旁边恭候着。

有一次，舜爬到粮仓顶上去涂泥巴，父亲就在下面放火焚烧粮仓，但舜借助两个斗笠保护自己，像长了翅膀一样从粮仓上跳下来逃走了。后来父亲又让舜去挖井，舜事先在井壁上凿出一条通往别处的暗道。挖井挖到深处时，父亲和弟弟一起往井里倒土想活埋舜，但舜又从暗道逃开了。他们本以为舜必死无疑，但后来看到舜还活着时，就假惺惺地说："你跑到哪里去了？我们特别想你啊……"他们经常想方设法害舜，但舜不计前嫌，还像以前一样侍奉父亲、友爱弟弟。后来他的美名远扬，尧帝知道后，把两个女儿嫁给他，并让位于他，天下人都归服于舜。

父亲心术不正，继母两面三刀，弟弟桀骜不驯，几个人串通一气，要置舜于死地而后快。然而舜对父母不失子道仍十分孝顺，与弟弟十分友善，多年如一日，没有丝毫懈怠，他的德行崇高，非常令人赞赏。有这样的胸襟和对道德的坚守，才让他有机会得到了先王的赏识，成为了受人爱戴的贤明君主。

元觉劝父

古时候有个孩子叫孙元觉，从小孝顺父母、尊敬长辈，可他父亲对祖父却极不孝顺。一天，他父亲忽然把年老病弱的祖父装在筐里，要把他送到深山里扔掉。孙元觉拉着父亲，跪着哭求不要这样，但父亲不理。他猛然间灵机一动，说："既然父亲要把祖父扔掉，我也没办法，但我有个要求。"父亲问什么要求，他说："我要把那个筐带回来。"父亲不解道："你要这个干什么？"孙元觉道："因为等你老了，我也要用它把你扔掉。"父亲一听，大吃一惊："你怎么说出这种话！"孙元觉回答："父亲怎样教育儿子，儿子就会怎样做。"父亲想想，就没敢按以前的想法去做，赶紧把老人接回家赡养。

黄香温席

古代有个叫黄香的人以孝出名。他9岁时母亲去世，从此他更细心地照顾父亲，一人包揽了所有的家务事。到了冬天，他害怕父亲着凉，就先钻到冰冷的被窝里，用身体温热被子后再扶父亲上床睡下。到了夏天，为了使父亲晚上能很快入睡，他每晚都先把凉席扇凉，再请父亲去睡。黄香小小的年纪就有这样的孝心，也使他在做人、求学上有所成就，后来他当上了以孝闻名的好官，人称"天下无双，江夏黄香"，被列为"二十四孝"之一。

用孝顺的心对待父母，父母可以得到很好的孝养；用慈悲的心对待众生，众生都能得到很好的利益。用恭敬孝养父母的心做天下的事情，这个世界会因为你的存在而变得格外美好。

李绩焚须

唐朝有位副宰相叫李绩，一次他姐姐病了，他就亲自照料她，为姐姐烧火煮粥时，火苗烧了他的胡须。姐姐非常不忍心，劝他说："你的仆人、侍妾那么多，何必自己这样辛苦呢？"李绩立即回答："您病得这么重，让其他人照顾，我不放心。您现在年纪大了，我自己也老了，就算想一直给您煮粥，也没有太多机会了。"李绩能这样对待自己的姐姐，实在是难能可贵。

在古代，人们把所有人都当作兄弟姐妹，我们现在虽做不到这一点，但至少也要与家人和睦相处。倘若这一分爱都不能付出，那么这个世界将不知道会变成什么样子。

庭坚涤秽

北宋黄庭坚，字鲁直，号山谷，善书法，为宋代四大书法家之一。

他自小就非常聪明，禀赋过人，而且读书速度非常快，记忆力比一般小孩都强。历史记载，他看了几遍书，就能过目背诵。

他的舅舅每次到他家里，就会顺手拿起书架上的书来问黄庭坚。每次提问，他都能对答如流，所以舅舅非常喜欢他，也特别愿意到他的家里，每次去都发觉他学问一日千里。

黄庭坚二十三岁就考上了进士，很快就做了太史。虽然他贵为太史，但是他奉养母亲非常尽孝，对母亲的生活仍照顾得体贴入微。

黄母生病多年，黄庭坚日夜守护在母亲身边喂汤喂药、端屎端尿，衣不解带。

因母亲爱干净，他每夜必亲自为母亲洗涮便桶，以安母心。他丝毫没有松懈尽儿子的孝道，从来不用家里仆婢来做这些事，认为这是为人子女应该尽的本分。

当时，苏东坡赞叹黄庭坚的为人和文章，称"独立万物之表，巍立于文坛，万世不灭奇光"。

要想成为一个伟大的人，请从孝顺父母开始。孝顺父母一天不难，而真正能够做到言语、行为和内心都孝顺父母，一辈子都是这样的人，才是最值得我们敬佩的。

第四章
待人接物是一生的功课

欣赏别人是一种境界，善待别人是一种胸怀，关心别人是一种品质，理解别人是一种涵养，帮助别人是一种快乐，学习别人是一种智慧，看望朋友是一种习惯。待人接物要摆正自己的位置和心态。

执法以公，居心以仁

孔子的弟子高柴，字季羔，也叫子羔，憨直忠厚，在春秋时期担任卫国的刑官，为官清廉，执法公平。

有一次，有一个人犯了法，季羔按刑法下令砍掉了他的脚。

不久，卫国发生了卫灵公之子蒯聩称兵作乱之事，季羔因此逃了出来。当季羔逃到了城门口时，竟发现守城门的人恰是那位被他砍掉脚的人。

这位守城人一看是季羔，不但没有借机抓他，反而告诉季羔说："那边有一个缺口，可以跳出城去。"

季羔答道："君子是不会去逾越围墙的。"

守城人停了一下想了想，又告诉季羔说："在那边有一个小洞，也可以爬出城外。"

季羔又答道："君子是不会从洞里钻出去的。"

搜捕的人眼看着就要到了，危急之下，守城的人左右看看，马上告诉季羔说："这有一间房子，先生您或许可以先藏一下。"

于是季羔就躲进了房子里。

过了不久，追捕的人停止了搜索，季羔也安全了。当季羔准备离开时，心中感谢守城的人，对他说道："我不能违背法令，亲自下令砍了你的脚，如今我在危难之中，这正是你报仇的好时机，你反而三次让我找机会逃走，这是为什么呢？"

守城人说："砍了我的脚，是因为我犯了罪，这是无可奈何之事。可那时，您按法令来治我的罪，叫行刑的人先砍别人的，再砍我的，是希望我能得到机会侥幸赦免。当时案情已经查明，罪行也已判定了，可要宣判定刑的时候，您那忧愁的样子我都看在眼里了。我知道，这并非因为您对我有所偏爱，而是因为您是一个有道德修养的人，这便是我敬重您的原因。"

孔子听说了此事，不免赞叹道："季羔真是善于为吏啊，同样是执行法令，仁爱宽恕就可以树立恩德，严酷暴虐就要结成仇怨。秉公办事，仁爱存心,这是子羔的做法啊!"

季羔秉公执法,并无私心私怨。虽执法以公,但居心以仁,由此也让受刑者敬重。守城人虽被处以刑罚,但自知是自己过错,没有半点埋怨之意,在季羔受难之时,仍帮助季羔躲过劫难,同样令人敬佩。

失人之察

《吕氏春秋》记载了这样一个故事。孔子绝粮于陈国与蔡国之间时,七日七夜没吃到饭,只能无精打采地躺在那里。一天,弟子颜回找来一点米,准备煮给老师吃。煮到快熟时,颜回就先抓起一把吃了。孔子悄悄地看在眼里,觉得颜回有点失礼,所以不大高兴。

一会儿饭熟了,颜回请孔子先吃。孔子善巧地说:"我刚刚梦见先君了,故应把干净的食物先供养再吃。"颜回马上回答:"万万不可!刚才有土灰掉进锅里,我虽把它抓出来吃了,但饭已经弄脏了,所以不能供养先君。"此时,孔子才知道错怪颜回了。

事后,孔子深有感触地叹道:"我相信自己的眼睛,但眼睛看到的有时并不可靠;我依赖自己的心,但心分析的有时也靠不住。弟子们要切记,了解一个人本来就不是很容易的事!"

有人认为"耳听为虚,眼见为实",但有时候也不一定。不要认为自己所见所闻都千真万确、不容怀疑,凭一己之见判断别人的好坏,不一定特别可靠,很可能混杂有不实的成分。

三人行必有我师

大教育家孔子是个善于学习的人,他勤思好学,不耻下问。

有一次,孔子和学生们正在赶路,忽然一个小孩子挡住了他们的去路。

原来,这个小孩子正在路上用砖瓦石块垒一座"城池"呢。

孔子叫那个小孩让路,而小孩却说:"这世上只有车绕城而过的,还没有把城池拆了给车让路的。"

孔子想:"确实不能把这孩子摆的城池当成玩具。我这样想,可孩子不这样想啊。我倡导礼仪,没想到让孩子给问住了。"

孔子十分感慨地对他的学生说:"三人行必有我师!这孩子虽小,却懂礼仪,可以做我的老师了。"

"三人行必有我师焉,择其善者而从之,其不善者而改之"是孔子的名言,要求人要谦虚好学,努力学习别人的优点,完善自己,取人之长补己之短!

老汉粘蝉

《庄子》中有这样一个故事。有一次孔子带着弟子到楚国去,路上经过一个树林,在树林中有个驼背老人正在用竹竿粘知了。他粘知了非常轻松,就像在地上捡知了一样。孔子问:"您的动作真是巧啊!有什么门道吗?"老人说:"我确实有自己的办法,我经过五六个月的练习,在竿头累叠起两个丸子而不会坠落,这样失手的情况已经很少了;叠起三个丸子而不坠落,这样失手的情况十次也不会超过一次;叠起五个丸子而不坠落,就会像在地上拾取知了一样容易。我立定身子,犹如立着的断木桩,举竿的手臂就像枯木的树枝。虽然天地很大,万物品类繁多,但我一心专注于知了的翅膀,从不思前想后、左顾右盼,绝不因纷繁的万物而改变对蝉翼的注意,这样为什么不能成功呢!"最后孔子转过身来对弟子说:"专心致志,本领就可以练到出神入化的地步。这就是驼背老人所说的道理。"

一个人如果能够排除外界的一切干扰,集中精力勤学苦练,就可以掌握一门过硬的本领。

忘我之境

《庄子》中有一个故事说，有个普通的木匠叫梓庆，他平时帮人家做祭祀时挂钟的架子。虽然这是个很简单的活，但他做出来的架子人人见后惊为鬼斧神工，觉得那上面野兽的形状宛如真正的走兽一般栩栩如生。后来当地的国君知道他的手艺之后，专门唤他来问其中的诀窍。

梓庆很谦虚地说："我一个木匠，哪有什么诀窍啊。如果你一定要问，无非是我在做任何一个架子之前，首先要守斋戒，让自己的心静下来。在斋戒的过程中，到第三天的时候，我可以'忘利'，把那些为自己得到功名利禄的念头全部扔掉；到了第五天的时候，我可以'忘名'，别人对我赞叹也好、诽谤也罢，我都已经不在乎了；到了第七天的时候，可以达到'忘我'之境。有了这样的心态，我就拿上斧子进山。进山以后，因为我的心很清净，哪些木头天生长得像野兽，一眼就会看到，然后把木头砍回来，随手一加工，它就成为现在的样子。"

我们做事不成功，要么是为名，要么是为利，要么是为自己的事情，有了这些障碍以后，心就静不下来，言行举止也跟着左右摇摆，甚至跟别人吵架争执。但若行为如理如法，就像日月在空中自由运行一样，我们可以逍遥自在地承办世间的一切事业，不会遭遇任何违缘。

纪昌学射

甘蝇是古代出名的神箭手。只要他一拉弓，射兽兽倒，射鸟鸟落。飞卫是甘蝇的学生，由于勤学苦练，他的箭术超过了老师。有个人名叫纪昌，慕名来拜飞卫为师。飞卫对他说："你先要学会在任何情况下都不眨眼睛。有了这样的本领，才能谈得上学射箭。"纪昌回到家里，就仰面躺在他妻子的织布机下，两眼死死盯住一上一下快速移动的机件。两年以后，即便拿着针朝他的眼睛刺去，他也能一眨不眨了。纪昌高兴地向飞卫报告了这个成绩。飞卫说："光有这点本领还不行，还要练出一副好眼力。极小的东西你能看得很大，模糊的东西你能看得一清二楚。有了这样的本领，才能学习射箭。"纪昌回到家里，就捉了一只虱子，用极细的牛尾巴毛拴住，挂在窗口。他天天朝着窗口目不转睛地盯着它瞧。十多天过去了，那只因干瘪而显得更加细小的虱子，在纪昌的眼睛里却慢慢地大了起来；练了三年以后，这只虱子在他眼睛里竟有车轮那么大。他再看看稍大一点的东西，简直就像一座座小山似的，又大又清楚。纪昌就拉弓搭箭，朝着虱子射去，竟然射中了，而细如发丝的牛尾巴毛却没有碰断。纪昌高兴极了，向飞卫报告了这个新的成绩。飞卫连连点头，笑着说："功夫不负苦心人，你学成功啦！"

学习任何知识和技艺，都必须有顽强的毅力，由浅入深循序渐进，打下扎扎实实的基础，然后才会得到真正的提高。不费力气的"窍门""捷径"是没有的。

立木为信与烽火戏诸侯

春秋战国时，秦国的商鞅在秦孝公的支持下主持变法。当时处于战争频繁、人心惶惶之际，为了树立威信推进改革，商鞅下令在都城南门外立一根三丈长的木头，并当众许下诺言：谁能把这根木头搬到北门，赏金十两。围观的人不相信如此轻而易举的事能得到如此高的赏赐，结果没人肯出手一试。于是，商鞅将赏金提高到五十金。重赏之下必有勇夫，终于有人站起将木头扛到了北门。商鞅立即赏了他五十金。商鞅这一举动在百姓心中树立起了威信，使商鞅接下来的变法很快在秦国推广开了。新法使秦国渐渐强盛，最终统一了中国。

而在商鞅"立木为信"的400年前却曾发生过一场令人啼笑皆非的"烽火戏诸侯"的闹剧。

周幽王有个宠妃叫褒姒，为博取她的一笑，周幽王下令在都城附近20多座烽火台上点起烽火——烽火是边关报警的信号，只有在外敌入侵需召诸侯来救援的时候才能点燃。结果诸侯们见到烽火，率领兵将们匆匆赶到，明白这是君王为博妻一笑的花招后愤然离去。褒姒看到平日威仪赫赫的诸侯们手足无措的样子，终于开心一笑。五年后，西夷犬戎大举攻周，幽王烽火再燃而诸侯未到——谁也不愿再上当了。结果幽王被逼自刎而褒姒也被俘虏。

一个"立木取信"，一诺千金；一个帝王无信，戏玩"狼来了"的游戏。结果前者变法成功，国强势壮；后者自取其辱，身死国亡。可见，"信"对一个国家的兴衰存亡都起着非常重要的作用。

郭伋亭候

汉朝郭伋，是茂陵（今陕西兴平）人，到并州（今山西省）做刺史，对待百姓们素来广结恩德，言出必行。

有一次，他准备到管辖的西河郡（今山西离石）去巡视。有几百个小孩子每人骑了一根竹竿做的"马"，在道路上迎着郭伋欢送他，问他什么日子才可能回来。郭伋就计算了一下，把回来的日子告诉了他们。

郭伋巡视得很顺利，比告诉孩子们的日子早回来了一天。郭伋恐怕失了信，就在离城里还有一段距离的野亭里住了一晚，第二天才进城来。

当天，那些孩子们都在路上欢迎郭伋的归来。光武帝刘秀称赞他是个贤良太守，后来郭伋活到了八十六岁才去世。

郭伋做到了童叟无欺，信之至极！

诚信是一生的功课。真正做到童叟无欺，这个人的诚信就是做到了极致。

一诺千金

西汉初年有一个叫季布的人特别讲信义,只要是他答应过的事,无论有多么困难一定要想方设法办到。当时还流传着一句谚语:"得黄金百两,不如得季布一诺(得到一百两黄金,也不如得到季布的一个承诺)"。

当时 刘邦打败项羽当上了皇帝,开始搜捕项羽的部下。季布曾经是项羽的得力干将。所以刘邦下令,只要谁能将季布送到官府,就赏赐他一千两黄金。但是季布重信义深得人心,人们宁愿冒着被诛灭三族的危险为他提供藏身之所,也不愿意为赏赐的一千两黄金而出卖他。

有个姓周的人得到了这个消息,秘密地将季布送到鲁地一户姓朱的人家。朱家很欣赏季布对朋友的信义,尽力将季布保护起来。不仅如此,他还专程到洛阳去找汝阴侯夏侯婴,请他解救季布。

夏侯婴从小与刘邦很亲近,后来为刘邦建立汉王朝立下了汗马功劳。他也很欣赏季布的信义,在刘邦面前为季布说情,终于使刘邦赦免了季布。不久,刘邦还任命他做了河东太守。

信用既是无形的力量,也是无形的财富。重义之人坚守诺言,答应别人的事,出生入死也要承办。结交朋友应结交善友,若接触的是古道热肠、正义凛然的朋友,自然会在无形中使自己的品格、智慧都得以增长。

苏武牧羊

匈奴自从被卫青、霍去病打败以后,平静了好长一段时间。他们口头上表示要跟汉朝和好,实际上还是随时想进犯中原。

公元前100年,汉武帝正想出兵打匈奴,匈奴派使者来求和了,还把汉朝的使者都放回来。汉武帝为了答复匈奴的善意表示,派中郎将苏武拿着旌节，带着副手张胜和随员常惠，出使匈奴。

　　苏武到了匈奴，送回扣留的使者，送上礼物。苏武正等单于写个回信让他回去，没想到就在这个时候，匈奴的上层发生了内讧，苏武一行人也受到了牵连。匈奴单于扣留了苏武，要他背叛汉朝。苏武不愿，单于便许以高官厚禄。再次被苏武严词拒绝后，单于越发敬重苏武的气节，不愿杀他，但也不愿放他回去，便将他发配到北海牧羊。

　　苏武到了北海，旁边什么人都没有，唯一和他做伴的是那根代表朝廷的旌节。日子久了，旌节上的穗子也掉完了。一直到了公元前85年，匈奴的单于死了，匈奴发生内乱，分成了三个国家。新单于没有力量再跟汉朝打仗，又打发使者来求和。

　　那时候，汉武帝已死去，他的儿子汉昭帝即位。汉昭帝派使者到匈奴那里，要单于放回苏武，匈奴谎称苏武已经死了。使者信以为真，就没有再提。

　　第二次，汉使者又到匈奴去，苏武的随从常惠还在匈奴。他买通匈奴人，私下和汉使者见面，把苏武在北海牧羊的情况告诉了使者。使者见了单于，严厉责备他说："匈奴既然存心同汉朝和好，不应该欺骗汉朝。我们皇上在御花园射下一只大雁，雁脚上拴着一条绸子，上面写着苏武还活着，你怎么说他死了呢？"

　　单于听了，吓了一大跳。他还以为真的是苏武的忠义感动了飞鸟，连大雁也替他送消息呢。他向使者道歉说："苏武确实是活着，我们把他放回去就是了。"

　　苏武出使的时候，才四十岁。在匈奴受了十九年的折磨，胡须、头发全白了。回到长安的那天，人们都出来迎接他。人们瞧见白胡须、白头发的苏武手里拿着光杆子的旌节，没有一个不受感动的，都说他是个有气节的大丈夫。

神来之笔

　　有一年，孙权在自己的书房中新添了一道屏风，精美的木架上蒙了雪白的绢素。画家曹不兴应召为其在绢素上配画。

曹不兴拿起笔蘸了墨，准备作画。哪知道稍不留神，毛笔误点下去，他急忙收笔，但已经来不及了，雪白的绢面上顿时出现了一个小墨点。

旁边的人都惋惜道："败笔，真可惜。"

曹不兴对着小墨点仔细端详了片刻，不慌不忙地把小墨点改画成一只苍蝇，再在旁边画了许多花花草草。整个画面布局匀称，生动逼真，尤其是那只苍蝇更栩栩如生，好像真的一样。围观的人惊叹不已。

后来，孙权观赏这幅画时，发现了画中这只苍蝇，想赶走它，便伸手去弹了几下，可是苍蝇并没有飞走。他很是疑惑，再仔细一看，方知是曹不兴画上去的，忍不住赞道："好！实乃神来之笔。"

有时候往往看起来是坏事，却因为个人的态度不同而变成了好事。所以，问题来的时候，用积极的心态去面对和解决，说不定坏事就变成了好事。

拒绝奉承

宋璟是唐朝武则天时期的著名大臣，以刚正不阿著称。

有一天，一个人转交给宋璟一篇文章，并对他说："写文章的人很有才学。"宋璟是一个爱才之人，马上就读起这篇文章来。开始时，他一边读一边赞叹："不错，真是不错！应该重用。"

可是读着读着，宋璟的眉头皱了起来。原来这个人为巴结宋璟，在文章中对他大加吹捧，这让宋璟很生气。

后来，宋璟对送文章的人说："这个人的文章不错，但品行不端，想靠巴结来升官，重用他对国家是绝对没有好处的。"因此就没有推荐这个人做官。

识人难，识己更难。在称扬和赞叹面前，能保持清醒的头脑和对自己客观的认知，是一件很值得庆幸的事情。

公艺百忍

唐朝有个人叫张公艺，他的家里竟有九代同堂，住在一起不分家，也因为这么和气兴盛，引起皇帝的注意。

他家祖先从北齐开始就得到当时皇帝的重视，表扬这户人家能和睦共处，足以成为邻里的典范。到了隋朝以及唐太宗时也一样得到朝廷的表扬。等到了唐高宗时，这户人家依然兴盛。

有一次，唐高宗到泰山路过郓州这个地方，就来拜访张公艺，问他："为什么你们可以和乐融融，这么多人都能居住在一起呢？"

张公艺就请求用纸笔来对答，唐高宗就给了他纸笔。他提起笔竟连写了一百多个"忍"字呈给皇帝，说："一个家庭一切都得利于'忍'。宗族为什么不能和睦相处呢？最主要是领导人有偏颇、私心，在衣食住行方面会徇私，家人当然就会起愤愤不平之心。除此之外，长幼是否有序也是一个重要的关键。如果一个家庭没有尊卑次第，那么这个家一定会很混乱，在一起相处时一定会纷争不断。更何况彼此之间如果不能相互的包容，就会相互争吵，彼此不能同心协力相互合作，不愿意努力生产，家里的产业就不能蒸蒸日上。这个家就没有办法维持下去了。如果每一个人，都积极为家里做贡献，在平时互相协助，都能用这个'忍'字，做到礼让，那么家庭当然就能和睦了。"

国学大师季羡林说："对待一切善良的人，不管是家属，还是朋友，都应该有一个两字箴言：一曰真，二曰忍。真者，以真情实意相待，不允许弄虚作假；忍者，相互容忍也。"张公艺的家能够九代同堂的秘诀是一个"忍"字。我们在日常生活和工作中，都应该学会"忍"，忍耐的结果是"百忍成金"。

以人为镜

　　唐太宗是一个文武双全、英明盖世的能人，但人非圣贤，孰能无过。在他身边有两位监督他言行的"明镜"：一位为长孙皇后，另一位乃忠义贤良的魏征。皇上一有过错，他们立即会巧妙地指出。据《贞观政要》一书所载，唐太宗喜欢一只小鹞子，一日正在玩鸟，魏征来了，唐太宗怕魏征指责自己，赶快把小鸟藏到怀中。魏征假装没看到，故意留下来与他商谈国家大事。唐太宗心里虽为鸟着急，却也怕暴露，因为他信任、敬畏魏征。等魏征走后，唐太宗取出怀里心爱的小鸟一看，早已命归黄泉了。于是伤心地回到后宫，大发雷霆地说："我非杀掉这个田舍翁不可！"皇后闻之，问明原委后立刻穿上大礼服向唐太宗行礼道贺："恭喜陛下，贺喜陛下！唐朝有魏征这样的好臣子，又有您这样的好皇帝，这是有史以来没有过的好现象，国家兴盛指日可待。"故使唐太宗渐渐平息了怒气。

　　唐太宗就"以人为镜"常观察自己，真正做到了勇于改过、从善如流。后来魏征死了，唐太宗惋惜地说："以铜为镜，可以正衣冠；以古为镜，可以知兴替；以人为镜，可以明得失。而今魏征不在了，朕就少了一面镜子。"

生花妙笔

　　江西抚州的王安石少有大志，曾挑着书箱行李，从家乡临川来到宜黄鹿岗芗林书院求学。在名师杜子野先生指导下，他勤奋苦读每至深夜。

　　一日，王安石翻阅王仁裕《开元天宝遗事》，得知李白梦见自己所用的笔头上长了一朵美丽的花，因此才思横溢，后来名闻天下。于是他拿着书问杜子野先生："先生，人世间难道真会有生花笔吗？"

杜子野正色道："当然有啊！事实上有的笔头会长花，有的笔头不会长，只是我们的肉眼难以分辨罢了。"

王安石见杜子野先生如此认真，便道："那么先生能给我一支生花笔吗？"

于是，杜子野拿来一大捆毛笔，对王安石说："这里九百九十九支毛笔中有一支是生花笔，究竟是哪一支连我也辨不清楚，还是你自己找吧。"

王安石躬身俯首道："学生眼浅，请先生指教。"

杜子野摸着胡须，沉思片刻，严肃地说："你只有用每支笔去写文章，写秃一支再换一支，如此一直写下去，定能从中寻得生花笔。除此，没有别的办法了。"

从此，王安石按照杜子野先生的教导，每日苦读诗书，勤练文章，足足写秃了五百支毛笔。可是这些笔写出来的文章仍然一般，还没有从中找到"生花笔"。他有些泄气，于是又去问杜子野先生："先生，我怎么还没有找到那支生花笔呢？"

杜子野没有说什么，饱蘸墨汁挥笔写了"锲而不舍"四个大字送给他。

又过了好久，王安石把先生送给他的九百九十八支毛笔都写秃了，仅剩一支。一天深夜，他提起第九百九十九支毛笔开始写《策论》，突然他觉得文思潮涌，一篇颇有见地的《策论》一挥而就。他高兴得直跳了起来，大声喊："我找到生花笔了！"

从此，王安石用这支"生花笔"学习写字，接着乡试、会试连连及第。以后又用这支笔写了许多改革时弊、安邦治国的好文章，被后人称为"唐宋八大家之一"。

梅花香自苦寒来，生花妙笔得成于一个"勤"字。曾经有人问牛顿："你获得成功的秘诀是什么？"牛顿回答说："假如我有一点微小成就的话，没有其他秘诀，唯有勤奋而已。"

黄州菊

有一次，苏东坡到王安石那里拜会，恰好他不在家，苏东坡就待在书房等候，看到书桌上有一首未完成的诗："西风昨夜过园林，吹落黄花满地金。"意思是，昨晚西风吹过园林，菊花的花瓣落了一地，犹如黄金铺满大地。苏东坡不由得暗笑当朝宰相连常识都不懂，菊花开在秋季，最能耐久，就是干枯也不会落瓣。于是，他在诗句下面写到："秋花不比春花落，说与诗人仔细吟。"意思是秋菊不像春天的花会落瓣，请诗人你仔细审查一下。

王安石回来看到后并没有说什么，次日上朝时暗地里请皇上把苏东坡贬到黄州。苏东坡被贬后心里很不服，只道是王安石因诗而报复他，但自己也没办法。他在黄州住了将近一年，转眼到了九九重阳，便邀好友到后园赏菊。到园里一看，由于秋风刮了多日，只见菊花纷纷落瓣，满地铺金，他顿时目瞪口呆，询问友人之后才知菊花通常不落瓣，但黄州的比较特殊，是落瓣的。又想起给王安石续诗的往事，苏东坡醒悟到自己见识不广，只看一面而不知总体，从此不敢轻易笑人。

过了几年，王安石又把苏东坡调回京城。苏东坡曾专门为续诗一事，找王安石真诚地道歉认错。

不见高山，不显平地；不见大海，不知溪流。山外有山，天外有天，每个人其实都是渺小的。判断一件事或一个人，务必要先详细观察。在不了解事情真相之前，千万不能轻信谣言，随便乱说。

司马光警枕励志

司马光是我国北宋时代的大学问家。他小时候和哥哥弟弟们一起学习，自己觉得记忆力比较差，便想办法克服这个弱点。每当老师讲完书，哥哥弟弟们读上一会儿能勉强背得出来时，便一个接一个丢开书本，跑到院子里玩。只有他不肯走，轻轻地关上门窗，集中注意力高声朗读，读了一遍又一遍，直到读得滚瓜烂熟，合上书能够流畅地不错一字地背诵才肯休息。

司马光从小到老一直坚持不懈地学习，做官之后反而更加刻苦。他住的地方除了图书和卧具，再没有其他珍贵的摆设。卧具很简单：一架木板床，一条粗布被子，一个圆木枕头。为什么要用圆木枕头呢？说来很有意思，当读书太困倦的时候，一睡就是一大觉。圆木枕头放到硬邦邦的木板床上，极易滚动。只要稍微动一下，它就滚走了。头跌在木板床上，"咚"的一声，他惊醒了就会立刻爬起来读书。司马光给这个圆木枕头起了个名字叫"警枕"。

我们应该学习古人的勤奋精神，珍惜时间，尽量去做有意义的事情。

世恩夜待

陈世恩是明朝万历年间的进士，他家有兄弟三人。长兄是一个学问道德都很好的人，因孝顺廉洁得到乡里的敬重。陈世恩是老二，当时还没有成就。但是他的德行也如兄长一样为众人所称许，尤其是他那种谦逊有礼、平易近人的态度更让人敬佩。但他们的三弟整日无所事事，还结交了一帮不好的朋友到处游荡，经常是一大早就不见了人影，深更半夜才回来。

俗话说："长兄如父"。三弟的年少轻狂大哥看在眼里，急在心头，只要有机会就苦口婆心地劝他："三弟呀！不要再在外面游荡了！要早点回家免得让家人担心啊！"

三弟正是年轻气盛的时候，大哥劝一两次还罢，次数多了他就觉得十分反感。陈世恩见此情景，与大哥约定，由他来劝三弟。

当晚，陈世恩手里拿着院子大门的钥匙，在门前等弟弟回来。弟弟没有料到是二哥在等他，有点不知所措。陈世恩说："赶快进来吧！外面冷。"

第二天一大早，弟弟又溜出去了，仍然是一整天也没有回来，陈世恩和前一天一样，晚上仍在院子门口等弟弟。还给他泡了茶，嘱咐他早点歇息。这下弟弟可有些睡不着了！假如二哥也像大哥那样骂自己几句，自己倒觉得无所谓，但是二哥却半点也没责怪自己。回想起自己在外面花天酒地的情形，弟弟觉得脸上有些发烧。

此后连续几天，弟弟在外面开始待不住了，眼前尽是哥哥深夜翘首企盼自己归家的情形。他提出要先告辞，朋友们嘲笑他说："急什么？难道怕家里的大棒槌吗？"弟弟只好又和他们玩到天黑，赶回家时，二哥又是一脸关切地抚着他的肩头，问他有没有哪里不舒服。弟弟不觉羞惭交加，心头一酸"哇"地一下哭出声来，跪下去对二哥说："我错了，请二哥责罚！"

从此以后，弟弟像换了个人一样，再也不和那帮朋友一起混了。在两位哥哥的悉心教导下，他认真学习发奋图强，成了一位德才兼备的人。

家是一个人最温暖的港湾，兄弟之间互相扶持才能风雨同舟。一个人如果要劝勉对方，一定要有些技巧，先要让对方感动，在此基础上晓以大义，才有办法令他悔改。

师道尊严

明代著名画家唐伯虎从小就喜欢文学和画画，师从当时的著名画家沈周学画。

转眼一年过去了，他画技大长，所画的画已经显现出大家风范，在附近很有名气。唐伯虎开始有点扬扬自得，觉得比起老师的画来自己也毫不逊色，从他那里再也学不到什么。于是，他借口母亲需要照顾，向老师提出想早点回去。他还拿出自己的画作请老师评点，实际上是想炫耀自己的画艺。

沈周老师知道唐伯虎的心思，既没有强留唐伯虎，也没有看他的画作，只是请他到自己房间来吃饭送别。这个房间只有一扇窗户，窗外景色怡人，沈周老师就让唐伯虎过去开窗通风。

唐伯虎朝窗户走去，可谁知那"窗"怎么开也开不了。唐伯虎问："窗户上锁了吗？"沈周笑笑说："你看仔细了再开。"

唐伯虎揉揉眼睛，仔细一看才发现这哪是什么窗户，而是老师挂在墙上的一幅画。老师这画画得十分逼真，以至于让唐伯虎误认作是窗户。

唐伯虎羞愧地对老师说，"请老师原谅我的肤浅骄傲，我愿意再跟您学习三年。"

此后，唐伯虎改变了目空一切的态度，认真地领会老师的教导，终于成为一代大师。

《礼记·学记》中说："凡学之道，严师为难。师严然后道尊，道尊然后民知敬学。"只有对老师怀有尊敬之心，学生才会仔细聆听老师讲授的内容，然后才能恭敬地对待学习、知识，最后学而有成。

哭婆与笑婆

　　古时候，有个老婆婆总是不停地在一座庙跟前哭泣，晴天哭，雨天也哭。人们都叫她哭婆。
　　一天，有个老和尚问她："老人家，你为什么哭得这么伤心？"
　　老婆婆说："我有两个女儿，大女儿卖伞，小女儿卖布鞋。天晴的时候，大女儿的雨伞卖不出去；下雨天的时候，又没有人去买小女儿的布鞋。她们挣不到钱，可怎么生活呀！一想到这些我就难过。人呀，怎么这么难？"
　　说完，老婆婆又悲悲切切地哭了起来。
　　老和尚说："老婆婆，你为什么不反过来想呢？晴天，你小女儿的鞋店前门庭若市；雨天，上街的行人又都往你大女儿的伞铺里跑。这样不是就不苦了吗？"
　　老婆婆觉得他的话有道理，便听从他的劝告。从此，天天笑得合不拢嘴，哭婆变成了笑婆。
　　换位思考，就是在帮助自己走出困境。当遇到让自己伤心的人、难过的事和走不过去的境遇时，除了交给时间慢慢变淡之外，还可以学着换位思考。这样，微笑就是最好的礼物。

参考文献

[1]吴子.边读边悟围炉夜话[M].北京:中国华侨出版社,2010.

[2]屠隆,王永彬.娑罗馆清言·围炉夜话[M].郑州:中州古籍出版社,2008.

[3]苏雅麟.品读围炉夜话[M].北京:光明日报出版社,2007.

[4]王永彬.围炉夜话[M].北京:京华出版社,2004.

后　记

　　《围炉夜话》是清代时期著名的文学品评著作，对于当时以及以前的人、事、文章等分段作评价议论。作者王永彬虚拟了一个冬日大家拥着火炉，至交好友畅谈文艺的情境，使本书语言亲切、自然，并由于其独到见解使得该书在文学史上占有重要地位。

　　在经史子集四部分类法中，《围炉夜话》属于子部杂家类中的杂纂项，但我们发现，洋洋八大册之巨的《中国古籍善本书目》没有收录该书，就是著名藏书家、贩书家孙殿起先生的以总括清代以来的著述总目为己任的《贩书偶记》及其续编，也没有收录《围炉夜话》。《围炉夜话》看似一册收录只言片语的闲书，但句句在理，都是古人宝贵的人生经验，具有极大的出版价值。

　　作者主张做人须讲诚信。他说："一信字是立身之本，所以人不可无也；一恕字是接物之要，所以终身可行也。"诚信待人，宽恕待人，于当今之世，仍是最重要的待人接物的原则和最高尚的道德品质。如何诚信做人？作者认为，一要明辨是非，"心能辨是非，遇事方能决断，行事才可诚信"。二要严于律己，要"求个良心管我，留些余地处人"，认为"天地生人，都有个良心；苟丧此良心，则去禽兽不远矣"。三要合乎情理，"和平处事，勿矫俗以为高；正直居心，勿机关以为智"。

　　在如何立身处世方面，《围炉夜话》为我们指明了一条光明之路。如何处世？作者首先立了一个原则："大丈夫处世，论是非不论祸福。士君子立言，贵平正尤贵精详。"只有先立了正确的处世原则，才有健康的处世心态。当然，作者论处世的目的还在于能经世致用。因此，作者主张在不违背处世原则的前提下，要学会"圆融"的处世方法。但是这种"圆融"绝非今人所谓之圆滑狡诈和谎言诓骗。他总结出的"处世以忠厚人为法""处世要代人着想""但责己不责人，此远怨之道也"的处世方法，即使在现代复杂人际环境下，仍使置身其中之人进退自如。

闲读《围炉夜话》还能让人体味到一种扑面而来的散文之美、文字之趣。"观朱霞悟其明丽，观白云悟其卷舒，观山岳悟其灵奇，观河海悟其浩瀚，则俯仰间皆文章也。对绿竹得其虚心，对黄华得其晚节，对松柏得其本性，对芝兰得其幽芳，则游览处皆师友也。"这段话读来令人口齿留香。"和气迎人，平情应物。抚心希古，藏器待时"予人一种含蓄蕴藉之美。而在"伐字从戈，矜字从矛，自伐自矜者，可为大戒；仁字从人，义字从我，讲仁讲义者，不必远求"中，从这种汉字的美妙的拆字法中，我们参悟到的既有为人之道，还有文字之机趣。